Khaoula Hidouri

Etude thermique d'un distillateur solaire avec pompe à chaleur

Khaoula Hidouri

Etude thermique d'un distillateur solaire avec pompe à chaleur

dessalement de l'eau de mer par pompe à chaleur

Presses Académiques Francophones

Imprint
Any brand names and product names mentioned in this book are subject to trademark, brand or patent protection and are trademarks or registered trademarks of their respective holders. The use of brand names, product names, common names, trade names, product descriptions etc. even without a particular marking in this work is in no way to be construed to mean that such names may be regarded as unrestricted in respect of trademark and brand protection legislation and could thus be used by anyone.

Cover image: www.ingimage.com

Publisher:
Presses Académiques Francophones
is a trademark of
International Book Market Service Ltd., member of OmniScriptum Publishing Group
17 Meldrum Street, Beau Bassin 71504, Mauritius

Printed at: see last page
ISBN: 978-3-8416-3320-0

Zugl. / Agréé par: Monastir, Ecole National d'Ingénieurs de Monastir (ENIM),2014

Copyright © Khaoula Hidouri
Copyright © 2015 International Book Market Service Ltd., member of OmniScriptum Publishing Group
All rights reserved. Beau Bassin 2015

Table des matières

Nomenclature	1
Introduction générale	5
Chapitre 1. Etude bibliographique	18
1.1 Energie solaire	9
1.1.1 Énergie solaire photovoltaïque………………………………………	9
1.1.2 Énergie solaire thermique……………………………………………...	9
1.1.3 Biomasse ……………………………………………………………	9
1.2 Dessalement des eaux saumâtres	9
1.2.1 Les ressources mondiales en eaux …………………………………	9
1.2.2 Les eaux distillables……………………………………………………	10
1.2.3 L'eau potable	11
1.3 Dessalement de l'eau saumâtre et de l'eau de mer	11
1.3.1 Principales technologies de dessalement……………………………….	11
1.3.2 Les procédés de distillation…………………………………………….	12
1.4 Distillation solaire	15
1.4.1 Mode direct ……………………………………………………………	16
1.4.2 Mode indirect : Distillation assistée par pompe à chaleur……………...	18
1.5 Paramètres influents le fonctionnement du distillateur	23
1.5.1 Paramètres externes………………………………………………..……	23
1.5.2 Paramètres internes……………………………………………………	23
1.6 Caractéristiques de fonctionnement du distillateur solaire	
1.6.1 Efficacités globale et interne dans un distillateur solaire simple…………	25
1.6.2 Efficacités globale et interne dans un distillateur solaire simple couplé avec pompe à chaleur ………………………………………………	25

1.7 Etat de l'art du dessalement par distillation	26
1.8 Conclusion	27
	28

Chapitre 2. Modélisation d'un distillateur solaire simple et hybride avec pompe à chaleur

	30
2.1 Phénomènes d'échange énergétique	
2.1.1 Mode interne de transfert	31
2.1.2 Transfert de matière...	32
2.1.3 Mode externe de transfert	42
2.2 Bilans thermiques d'un distillateur solaire	44
2.2.1 Description et Principe de fonctionnement.............................	46
2.2.2 Résolution du système d'équations..	46
2.2.3 Organigramme de calcul	51
2.3 Conclusion	51
	54

Chapitre 3. Etude expérimentale

	55
3.1. Appareillage	
3.1.1 Caractéristique du distillateur solaire……………………………	56
3.1.2 Dispositif expérimental..	56
3.1.3 Appareils de mesure..	59
3.1.4 Variables opératoire	59
3.2. Etude expérimentale	
3.2.1 Effet des paramètres climatiques	60
3.2.1.1 Variation instantanée des différentes températures................	60
3.2.1.2 Débits d'eau récupérée..	60
3.2.1.3 Effet des paramètres de conception	67
3.3 Analyse de l'eau récupérée	70
3.4 Conclusion	74
	76

Chapitre 4. Analyse des résultats

78

4.1 Résultats des simulations 79
4.1.1 Simulation du flux solaire 79
4.1.2 Simulation des températures 79
4.1.3 Simulation des débits récupérés... 83
4.2 Variation de l'efficacité globale et interne dans SSD et SSDHP................ 87
4.3 Cœfficients de transfert convectif et évaporatif.. 89
4.4 Coefficient de performance (COP).. 93
4.5 Etude comparative.. 95
4.6 Conclusion 98

Conclusion générale et perspectives............................

100

Références Bibliographiques....................................

100

Annexes..

109

Résultats expérimentaux pour différents paramètres d'essai..

120

Liste des figures

1.1		Distillation par détentes successives (MSF)
1.2		Distillation à multi effets (MED)
1.3		Distillation par compression de la vapeur (VCD)
1.4		Distillateur solaire à effet de serre
1.5		Distillateur solaire incliné à cascades
1.6		Distillateur solaire sphérique
1.7		Principe de fonctionnement de pompe à chaleur
1.8		Schématisation du transfert de chaleur
1.9		Cycles thermodynamiques théoriques d'une PAC à compression
2.1		Classification de transfert de masse et de chaleur dans un distillateur solaire
2.2		Bilan thermique d'un distillateur solaire simple
2.3		Bilan thermique sur la vitre
2.4		Bilan thermique sur l'eau
2.5		Bilan thermique sur le bassin
2.6		Bilan thermique d'un distillateur hybride avec pompe à chaleur.
2.7		Organigramme du calcul des différents paramètres
3.1		Photo du distillateur solaire simple (SSD)
3.2		Schéma du distillateur solaire simple
3.3		Photo du distillateur solaire hybride avec une pompe à chaleur (SSDHP)
3.4		Schéma du distillateur solaire hybride avec une pompe à chaleur
3.5		Variation instantanée expérimentales de flux solaire. Juillet 2010 configurations sans PAC
3.6		Variation des températures expérimentales en fonction du temps. Modèle SSD
3.7		Variation des différentes températures expérimentaux. Modèle SSDHP.
3.8		Variation instantanée expérimentales de flux solaire. Juillet 2010 configurations avec PAC

3.9	Variation de débit expérimentale d'eau récupérée fonction du temps. Modèles SSD et SSDHP
3.10	Variation de la productivité cumulée expérimentale
3.11	Variation de la température du vitre extérieure en fonction du temps
3.12	Variation de la température de l'eau en fonction du temps
3.13	Variation de la température du bassin en fonction du temps
3.14	Variation de la température intérieure en fonction du temps
3.15	Variation de (Pcu) expérimentale en fonction du temps Configurations (000) et (010)
3.16	Variation du Pcu expérimentale en fonction du temps. Configurations (001) et (111)
3.17	Effet de l'orientation sur le débit d'eau récupérée. Configurations (111) et (011)
4.1	Simulation du flux solaire
4.2	Variation des différentes températures théoriques pour les configurations (000) et (100) en fonction du temps.
4.3	Variation des différentes températures théoriques pour la configuration (111) et (001) en fonction du temps
4.4	Comparaison des températures théorique et expérimentale (T_b) et (T_g) configuration (000) et configuration (111) (T_b) et (T_w)
4.5	Débits d'eau théorique pour les différentes configurations sans PAC
4.6	Débits d'eau théorique pour les différentes configurations avec PAC
4.7	Variation de la productivité cumulée (Pcu) en fonction du temps. Configurations (000) et (100)
4.8	Variation de la productivité cumulée (Pcu) e fonction du temps. Configurations (001) et (111)
4.9	Variation de l'efficacité globale et interne en fonction du temps. Configuration (000)
4.10	Variation de l'efficacité globale et interne en fonction du temps. Configuration (111)
4.11	Variation de l'efficacité interne théorique. Configurations (000) et (111)
4.12	Variation du coefficient de transfert convectif en fonction du temps. Configurations (000), (110), (001) et (111)

4.13	Variation du coefficient de transfert évaporatif en fonction du temps. Configurations (000), (110), (001) et (111).
4.14	Variation du coefficient de transfert convectif en fonction du temps. Configurations (000) et celui du Dunkle.
4.15	Variation du coefficient de performance en fonction du temps. Configuration (111).
4.16	Variation du coefficient de performance en fonction du temps. Configuration (011).

Liste des tableaux

1.1	Répartition des eaux sur le globe
1.2	Degrés de salinité de l'eau
1.3	Coefficient de Réflexion, d'absorption et de transmission pour différentes Parties d'un distillateur
3.1	Caractéristiques techniques du distillateur solaire
3.2	Les différents cas d'études avec leurs paramètres de variation
3.3	Caractéristiques opératoires
3.4	Comparaisons des débits d'eau récupérés
3.5	Analyse de l'eau récupérée
4.1	Valeurs de c, n pour les configurations (000), (110), (001) et (111)
4.2	Valeur de c, n et de coefficient de transfert obtenu pour différents inclinaison du couvercle
4.3	Comparaison entre les débits d'eau récupérés et calculés pour les trois modèles. Configuration (000)
4.4	Comparaison entre les débits d'eau récupérés et calculés pour les trois modèles. Configuration (110)
4.5	Comparaison entre les débits d'eau récupérés et calculés pour les trois modèles. Configuration (001)
4.6	Comparaison entre les débits d'eau récupérés et calculés pour les trois modèles. Configuration (111)
4.7	Résultats statistiques pour les différentes corrélations

Remerciements

Il est toujours délicat de remercier l'ensemble des personnes qui ont contribué à l'aboutissement de ce travail de recherche. Que ceux qui ne sont pas mentionnés ne m'en tiennent pas rigueur. J'adresse mon plus haut respect et ma sincère gratitude, qu'il trouve dans ces quelques mots l'expression de mon profond remerciement, à mon encadreur et directeur de thèse le Professeur **SLIMANE GABSI** pour tout ce qu'il a fait afin que je puisse défendre cette présente thèse, pour son encadrement précieux, son aide, son encouragement continu et ses conseils afin que je puisse terminer à bien mes travaux

J'adresse particulièrement mes remerciements aux membres du Jury :

Je tiens à exprimer ma profonde gratitude à Monsieur **ABDALLAH MHIMID** Professeur à l'ENIM, de m'avoir honoré en acceptant de présider mon jury.

Dont particulièrement les professeurs Monsieur **SADOK BEN JABRALLAH** de la FSB et Monsieur **MOHAMED NACEUR BORJINI** de l'ENIM pour avoir accepté d'être rapporteurs de ce manuscrit. Je profite de l'occasion pour leur adresser mes sincères respects. Leurs remarques et suggestions m'ont été très utiles et fructueuses pour la finalisation de cette thèse.

Je remercie vivement Monsieur **KHALIFA SLIMI** maître de conférences à l'ISTLS pour le grand honneur qu'il m'a fait en acceptant d'examiner ce travail.

Je tiens à remercier Monsieur **ROMDHANE BEN SLAMA**, maître de conférences à l'ISSAT Gabes, pour ses précieux conseils.

Je suis très reconnaissant à l'ensemble du personnel du Département de Génie Chimique Procédés de l'ENIG. Que mes collègues de l'Unité de Recherche : Environnement, Catalyse et Analyse des Procédés trouvent ici mes vifs remerciements ainsi que tout le personnel de l'ENIG pour leur aide et soutien.

A mon mari **ALI BENHMIDENE** sans lui, il m'aurait été difficile d'aller jusqu'au bout...

Compte tenu du nombre d'affectations, j'ai beaucoup de monde à remercier, pas uniquement pour leurs compétences ou leur implication dans ma thèse, mais tout simplement pour leur soutien, leur gentillesse ou le souvenir impérissable qu'elles m'ont laissé.

A mon mari ALI

A mes petites filles ISSRAA, MERIAM et BOUCHRA

A mes parents

A mes sœurs et frères

A tous mes collègues à l'ISSTEG.

« *L'important est de tirer une leçon de chaque échec.* » *John McEnroe*

Nomenclature

a	Constante	
c	Constante de Nusselt	
C_p	Chaleur spécifique	(J. $kg^{-1}.K^{-1}$)
D	Cœfficient de diffusivité de la vapeur d'eau	($m^2.s^{-1}$)
e	Épaisseur	(m)
L	Longueur entre surface de condensation et surface d'évaporation	(m)
La	Latitude	
G	flux solaire	($W.m^{-2}$)
g	Accélération de la pesanteur	($m.s^{-2}$)
Gr	Nombre de Grashoff	
H	Enthalpie	($KJ.Kg^{-1}$)
h	Coefficient de transfert de chaleur ou de masse	($W.m^{-2}.C^{o-1}$)
h_{cd}	Coefficient d'échange thermique par conduction	($W.m^{-2}.C^{o-1}$)
h_c	Coefficient d'échange thermique par convection	($W.m^{-2}.C^{o-1}$)
h_e	Coefficient d'échange thermique par évaporation	($W.m^{-2}.C^{o-1}$)
h_m	Coefficient de transfert de masse	($W.m^{-2}.C^{o-1}$)
h_r	Coefficient d'échange thermique par rayonnement	($W.m^{-2}.C^{o-1}$)
k	Conductivité thermique	($W.m^{-1}.C^{o-1}$)
K	Paramètre de l'équation	
Le	Nombre de Lewis	(adim)
L_v	Chaleur latente de la vaporisation	($J.kg^{-1}$)
M	Masse moléculaire	($g.mol^{-1}$)
m_e	Débit de distillat	($kg.m^{-2}.h^{-1}$)
n	Constante de Nusselt	(adim)
Nu	Nombre de Nusselt	(adim)
P	Pression	($N.m^{-2}$)
p	Pas	
Pr	Nombre de Prandtl	(adim)
q	Flux de chaleur	($W.m^{-2}$)

Q	chaleur	(W)
R	constante des gaz parfait	(Pa.m^3.mol^{-1}K^{-1})
Ra	Nombre de Rayleigh	(adim)
Ra'	Nombre de Rayleigh modifié	(adim)
S	Surface	(m²)
Sc	Nombre de Schmidt	(adim)
Sh	Nombre de Sherwood	(adim)
T	Température	(°C)
t	temps	(s)
V	Vitesse du vent	(m.s^{-1})
x	fraction molaire	
y	Constante	
W	Puissance de compresseur	(W)

Lettres Grecques

α	Coefficient d'absorption	
β	Inclinaison	(°)
β_{ex}	Coefficient volumétrique d'expansion	(K^{-1})
δ	Déclinaison du soleil	(°)
Δ	Différence	
ε	Emissivité	
η	Efficacité	
λ	Conductivité thermique	
μ	Viscosité dynamique	(kJ.m^{-1}.K^{-1})
σ	Constant de Stephane-Boltzmane	(kg.m^{-1}.s^{-1})
ρ	Masse volumique du fluide	(W.m^{-2}.K^{-4})
φ	Coefficient de réflexion	(kg.m^{-3})
τ	Coefficient de transmission	
ω	Humidité spécifique	

Indices

a	Ambiant
ag	Air sec sur la surface de condensation
aw	Air sec sur la surface d'évaporation
b	Bassin
c	Convection condensation
cu	Cumulée
e	Evaporateur
ew	Evaporation
ew,w-e	Evaporation eau-évaporateur
ev,f	Perte par evaporation
cd,g	Conduction vitre
cond	Conduction
conv	Convection
c,b-w	Convection bassin -eau
c,g-a	Convection vitre–air
c,w-g	Convection eau-vitre
c,w-e	convection eau-evaporateur
eff	Effectif
f	Fluide
g	Vitrage
gext	Vitrage extérieur
gint	Vitrage intérieur
i	Interne
mg	Mélange loin de la surface de fluide
mw	Mélange près de la surface de fluide
r,g-a	Rayonnement vitre –air
r,g-ciel	Rayonnement vitre –ciel
r,w-g	Rayonnement eau –vitre
vg	Vapeur d'eau sur la surface de condensation
vw	Vapeur d'eau sur la surface d'évaporation

Abréviations

C	Chaude
COP	Coefficient de performance
cal	Calculé
e	Erreur
ex	Expérimentale
F	Froid
g	Globale
P	Productivité
PAC	Pompe à chaleur
R	Coefficient de détermination
r	Coefficient de corrélation linéaire
t	Totale
TSV	Temps Solaire Vrai
SSD	Distillateur Solaire Simple
SSDHP	Distillateur Solaire Simple Hybride avec Pompe à chaleur
W	Eau

Introduction générale

Sur le plan mondial, la demande en eau potable de bonne qualité est devenue de plus en plus forte. En effet, la population augmente rapidement et les besoins en eau dans les secteurs industriels et agricoles sont de plus en plus élevés. Malheureusement plus d'un tiers de l'humanité, appartenant généralement aux pays du tiers monde, n'a pas assez d'eau potable.

Les études réalisées ces dernières années par le Ministère de l'Agriculture montrent que la Tunisie dispose de suffisamment de ressources hydrauliques permettant de couvrir ses besoins jusqu'à l'année 2020. Toutefois il y a lieu de trouver des solutions pour faire face au manque de ressources en eau qui pourrait être constaté à partir de cette date. Pour l'essentiel, ces solutions consistent à déployer des efforts pour mettre en place des systèmes aboutissant à une meilleure exploitation des ressources en eau de surface ou souterraine ainsi que le recours à l'utilisation des stations de dessalement d'eau de mer.

Il existe aujourd'hui de nombreux systèmes de dessalement de l'eau de mer, dont les plus répondus : la distillation à effet multiple (MED), la distillation par détente successive (MSF), la compression de vapeur (VC) et l'utilisation de membranes (l'osmose inverse et l'électrodialyse). Le principe de la distillation consiste à évaporer l'eau de mer en la chauffant. Seules les molécules d'eau s'évaporent. Le sel et les autres substances présentes dans l'eau de mer sont alors retirés. Pour récupérer les molécules d'eau évaporées, il suffit de condenser la vapeur d'eau. En ce qui concerne l'utilisation des membranes, ce procédé nécessite au préalable de traiter l'eau de mer en la filtrant et en la désinfectant afin de la débarrasser des éléments en suspension et des micro-organismes qu'elle contient. Ensuite, appliquer à cette eau salée une pression suffisante pour la faire passer à travers une membrane semi-perméable. Seules les molécules d'eau traversent la membrane, fournissant ainsi une eau douce potable.

Le dessalement des eaux saumâtres ou des eaux de mer par distillation solaire est une opération très utilisée dans les régions arides, à l'échelle d'un petit village ou même d'une famille. Les distillateurs solaires les plus répandus sont ceux dont la surface de condensation n'est pas séparée de l'évaporation (distillateur solaire passif) et les distillateurs dont la surface de condensation est séparée du chauffage de l'eau (distillateur solaire actif).

Dans le but d'avoir un rendement important et une meilleure efficacité, y compris l'effet des paramètres climatiques sur la performance de ces distillateurs, il a été établi que l'efficacité de ces systèmes en termes de production de distillat quotidienne peut être augmentée de manière significative, en utilisant un simple vitrage pour le cas d'un distillateur solaire passif avec orientation variable.

L'efficacité peut être également augmentée en augmentant la différence de température entre les surfaces d'évaporation et de condensation. Cette condition peut être réalisée soit par augmentation de la température de la surface d'évaporation ou en diminuant la température de surface de condensation ou par la combinaison des deux. Pour atteindre cette dernière condition, l'insertion d'une pompe à chaleur dans le distillateur solaire passif trouve son intérêt dans le présent travail. En effet, le condenseur de la pompe à chaleur sera placé au niveau de la vitre de distillateur pour diminuer la température en assurant une meilleure condensation. Cependant la chaleur évacuée par l'évaporateur de la pompe à chaleur sert à augmenter la température de l'eau au niveau du bassin du distillateur.

Dans le travail actuel, une étude expérimentale et théorique ont été menées dont l'objectif est de mieux comprendre les phénomènes d'échange thermique qui ont lieu dans deux types de distillateur. Un distillateur solaire simple (SSD) et un hybride par pompe à chaleur (SSDHP). Pour atteindre ces objectifs, ce mémoire est organisé en trois chapitres :

- Le premier chapitre est consacré à une présentation générale des techniques de dessalement en particulier celles qui utilisent de l'énergie solaire, ainsi qu'un bref historique sur la distillation solaire, et une recherche bibliographique concernant les différents types de distillateurs.
- Dans le deuxième chapitre nous présentons les différentes équations gouvernant le fonctionnement des systèmes, ainsi que les coefficients d'échange sont présentés. Enfin, la méthode numérique utilisée pour la résolution de systèmes d'équations différentielles est établie.
- La description de deux types de distillateurs utilisés ainsi que leur mode de fonctionnement et les différentes configurations adoptées selon le changement de paramètre opératoires fait l'objet de la première partie du troisième chapitre. La deuxième partie et consacré à une description et interprétations des résultats

théorique et expérimentale. Une étude comparative entre les résultats concernant les quantités d'eaux récupérées avec quelques corrélations de la littérature sera présentée.

- Le chapitre quatre est consacré à la simulation des différents résultats expérimentaux et leurs interprétations. On a terminé les variations des efficacités globale et interne dans SSD et SSDHP, des coefficients de transfert convectif et évaporatif ainsi que le coefficient de performance (COP). Une étude comparative entre les résultats concernant les quantités d'eaux récupérées avec quelques corrélations de la littérature sera présentée.

La dernière partie de ce travail concerne les conclusions retenues de cette étude ainsi que les annexes.

Chapitre 1
Etude bibliographique

La nécessité de dessalement de l'eau date depuis très longtemps. Au XXe siècle, il est devenu une pratique courante grâce aux développements énormes qu'ont connus les technologies de dessalement.

La distillation solaire est un procédé de production d'eau douce à fort économique, surtout dans les régions caractérisées par un bon ensoleillement, aussi l'homme de ces régions déshéritées pourra pallier aux contraintes de ravitaillement et fourniture énergétiques en s'intéressant à l'utilisation de l'énergie solaire pour le dessalement. Plusieurs types de distillateurs solaires ont été construits et essayés à travers le monde.

Dans la présente étude bibliographique, on s'intéresse à développer les différents procédés de distillation. Dans le cas de distillation solaire, les trois techniques de distillateurs employés seront exposées et discutés. Le fonctionnement d'un distillateur est influencé par les différents paramètres en relation avec le distillateur lui-même et de l'environnement de procédés. Un distillateur est caractérisé par son efficacité.

1.1 Energie solaire

L'énergie solaire est l'énergie que dispense le soleil dans son rayonnement, direct ou diffus sur terre. Grâce aux divers procédés, elle peut être transformée en une autre forme d'énergie utile pour l'activité humaine, notamment, en électricité, en chaleur ou en biomasse.

1.1.1 Énergie solaire photovoltaïque

L'énergie solaire photovoltaïque désigne l'électricité produite par la transformation d'une partie du rayonnement solaire avec une cellule photovoltaïque.

1.1.2 Énergie solaire thermique

Le solaire thermique consiste à utiliser le rayonnement solaire en le transformant en énergie thermique. Il se présente sous ces différentes façons: centrales solaires thermodynamiques, chauffe-eau et chauffage solaires, rafraîchissement solaire, cuisinières et sécheurs solaires. La production de cette énergie peut être soit utilisée directement (pour chauffer un bâtiment par exemple) ou indirectement (production de la vapeur d'eau pour entraînement des alternateurs). Ainsi, on obtient de l'énergie électrique).

1.1.3 Biomasse

La biomasse est l'ensemble de la matière organique d'origine végétale, animale ainsi que les sous-produits de transformation. Elle est constituée de l'ensemble de la chaîne trophique (textile), dont l'origine est la conversion de l'énergie solaire en énergie chimique via la photosynthèse. Le terme « biomasse » désigne également l'énergie récupérable à partir de différentes matières organiques (bois, déchets, cultures), par combustion ou autre procédé.

1.2 Dessalement des eaux saumâtres

1.2.1 Les ressources mondiales en eaux

Comme le montre le tableau 1.1, les ressources mondiales en eau sont les mers, les océans, les glaciers, les fleuves, les eaux souterraines, et enfin les lacs. Cependant l'eau douce ne représente que 2.5% de l'eau totale et sur les 2.5% d'eau douce, les lacs, les fleuves et les eaux souterraines représentent 14% soit l'équivalent de 0.35% de l'eau totale, 86% de l'eau douce qui reste sont gelés aux pôles.

Tableau1.1: Répartition des eaux sur le globe [1]

Provenance de l'eau	Quantité (%)
Eau douce des lacs	0.009
Eau de rivières	0.0001
Eau souterraine (près de la surface)	0.005
Eau souterraine (en profondeur)	0.61
Eau dans les glaciers et les calottes glaciaires	2.15
Eau salée des lacs ou des mers intérieures	0.008
Eau dans l'atmosphère	0.0001
Eau des océans	97.2

1.2.2 Les eaux distillables.

La salinité des mers varie d'une mer à une autre et elle est en moyenne de 35 $g.L^{-1}$, avec de fortes variations régionales [3] dans certains cas: 39 $g.L^{-1}$ en méditerranée, 42 $g.L^{-1}$ dans le golf persique et jusqu'à 270 $g.L^{-1}$ en mer morte (Tableau 1.2).

Tableau 1.2: Degrés de salinité de l'eau [2]

Mers	Salinité ($g.L^{-1}$)
Mer Baltique	7.0
Mer Caspienne	13.5
Mer Noir	13.0
Mer Adriatique	25.0
Océan Pacifique	33.0
Océan Indien	33.8
Océan Atlantique	36.0
Mer Méditerranée	39.4
Golf Arabique	43.0

1.2.2.1 Les eaux saumâtres [4]

Ce sont les eaux non potables dont la salinité est inférieure à celle des eaux de mer et qui peuvent être classées en trois catégories :
- eau légèrement saumâtre 1 g.L^{-1} à 5 g.L^{-1},
- eau moyennement saumâtre 5 g.L^{-1} à 15 g.L^{-1}
- eau très saumâtre 15 g.L^{-1} à 35 g.L^{-1}

1.2.2.2 Les eaux naturelles

Ce sont les eaux qui proviennent des lacs, fleuves, rivières et nappes souterraines. Elles ont une composition chimique différente et parfois elles sont polluées et impropres à la consommation. Elles représentent prés de 14% de l'eau douce.

1.2.2.3 Les eaux usées

Ce sont les eaux rejetées par les collectivités domestiques, industrielles ou agricoles.

1.2.3 L'eau potable

D'après les normes sanitaires de l'O.M.S (Organisation Mondiale de la Santé) toute eau distribuée à une collectivité doit être potable. Une eau est considérée comme potable si sa salinité totale est comprise entre 100 et 1000 parties par million (soit 0.1 et 1 g.L^{-1}).

1.3 Dessalement de l'eau saumâtre et de l'eau de mer

1.3.1 Principales technologies de dessalement

Les technologies actuelles de dessalement des eaux sont classées en deux catégories, selon le principe appliqué :
- Les procédés thermiques faisant intervenir un changement de phase : la congélation et la distillation.
- Les procédés utilisant des membranes: l'osmose inverse et l'électrodialyse.

Parmi les procédés précités, la distillation et l'osmose inverse sont des technologies dont les performances ont été prouvées pour le dessalement d'eau de mer. En effet, ces deux procédés sont les plus commercialisés dans le marché mondial du dessalement. Les autres techniques n'ont pas connu un essor important dans le domaine à cause de problèmes liés généralement à la consommation d'énergie et/ou à l'importance des investissements qu'ils requièrent.

Quel que soit le procédé de séparation du sel et de l'eau envisagé, toutes les installations de dessalement comportent 4 étapes :
- une prise d'eau de mer avec une pompe et une filtration grossière,
- un pré-traitement avec une filtration plus fine, l'addition de composés biocides et de produits anti-tarte,
- le procédé de dessalement lui-même,
- le post-traitement avec une éventuelle reminéralisation de l'eau produite.

A l'issue de ces 4 étapes, l'eau de mer est rendue potable ou utilisable industriellement, elle doit alors contenir moins de 0,5 g de sels par litre.

On détaille dans la suite les procédés de distillation qu'alors que l'osmose inverse sera détaillée dans l'Annexe I

1.3.2 Les procédés de distillation

Dans les procédés de distillation, il s'agit de chauffer l'eau de mer pour en vaporiser une partie. La vapeur ainsi produite ne contient pas de sels, il suffit alors de condenser cette vapeur pour obtenir de l'eau douce liquide. Il s'agit en fait d'accélérer le cycle naturel de l'eau. En effet l'eau s'évapore naturellement des océans, la vapeur s'accumule dans les nuages puis l'eau douce retombe sur terre par les précipitations. Ce principe de dessalement très simple a été utilisé dès l'Antiquité pour produire de très faibles quantités d'eau douce sur les bateaux.

L'inconvénient majeur des procédés de distillation est leur consommation énergétique importante liée à la chaleur latente de vaporisation de l'eau. Afin de réduire la consommation d'énergie des procédés industriels, des procédés multiples effets qui permettent de réutiliser l'énergie libérée lors de la condensation ont été mis au point.

1.3.2.1 Procédé par détentes successives ou "Multi Stage Flash" (MSF)

La distillation multi flash est un procédé développé dans les années 70. Il est aujourd'hui le plus utilisé au monde. L'intérêt du multi flash réside dans son faible coût énergétique. En effet, plus la pression est basse, plus la température à laquelle l'eau passe à l'état vapeur est faible. Pour ce procédé, l'eau salée est envoyée dans des conduits au bout desquels elle est chauffée à 120 °C sous une pression, $P_o \approx 2$ bars, puis elle est introduite dans un compartiment où règne une pression réduite (sa température d'ébullition est donc plus basse).

L'eau est alors instantanément transformée en vapeur par détente appelée Flash. La vapeur ainsi créée va monter au contact des premiers conduits dans lesquels passe l'eau. Les conduits sont assez froids ce qui provoque la condensation de cette vapeur qui est alors récupérée à l'état liquide.

Pour l'eau qui n'est pas évaporée dans ces compartiments, elle est récupérée puis transférée dans un deuxième compartiment du même type mais avec une pression atmosphérique encore plus basse. Et ainsi l'opération est répétée plusieurs fois d'où le nom de multi flash (figure1.1).

Il existe des usines de dessalement dans lesquelles l'opération se répète dans 40 compartiments [5-7]. La consommation d'énergie thermique est de 50 à 70 000 kcal.m^{-3}, à laquelle se rajoute l'électricité pour la circulation de l'ordre de 5 kWh.m^{-3}. Ce procédé représente 62% de la capacité mondiale installée. Généralement rentable pour de grandes capacités de production (plusieurs centaines de milliers de m^3), ce procédé est très peu souple et nécessite une durée de mise en régime inadéquat pour une application solaire [8].

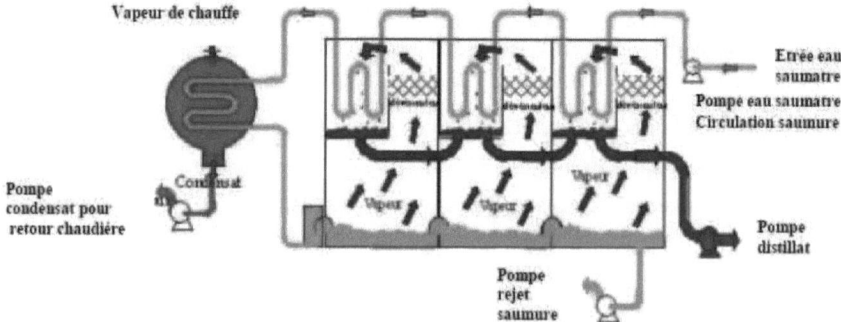

Figure 1.1 : Distillation par détentes successives (MSF)

1.3.2.2 Distillation à multiples effets (MED)

Avec ce procédé (figure1.2), l'idée est de récupérer au maximum l'énergie de la vapeur d'eau produite pour évaporer de l'eau salée, en effectuant des transferts de chaleur successifs appelés « effets » à des températures de moins en moins élevées.

Dans ce cas et à l'opposé du MSF, l'eau reçoit l'essentiel de son énergie au moment où elle s'évapore, c'est à dire au contact de l'échangeur dans lequel la vapeur d'eau produite par l'effet précédent se condense.

Cependant, plus l'écart de température est grand, plus la surface d'échange assurant le transfert d'énergie est grande. L'investissement est donc plus important. On peut alors comprimer la vapeur pour faciliter le transfert en énergie (principe de la compression mécanique) en utilisant cette fois-ci un thermo compresseur (ou éjecteur à vapeur).

Comme le procédé MSF, le ME n'utilise quasiment que de l'énergie thermique, à laquelle on ajoute seulement 1 à 3 kWh.m^{-3} d'énergie électrique [5] (pas de recirculation de la saumure).

Le procédé (MED) économe en énergie, a en outre l'avantage d'une relative souplesse de fonctionnement avec un débit de saumure plus faible, un rendement correct et une sécurité accrue du point de vue salinité de l'eau. En revanche les capacités unitaires en fonctionnement varient de 20 m^3.j^{-1} à 20.10^3 m^3.j^{-1}, ce qui est plus faible qu'en MSF [9]

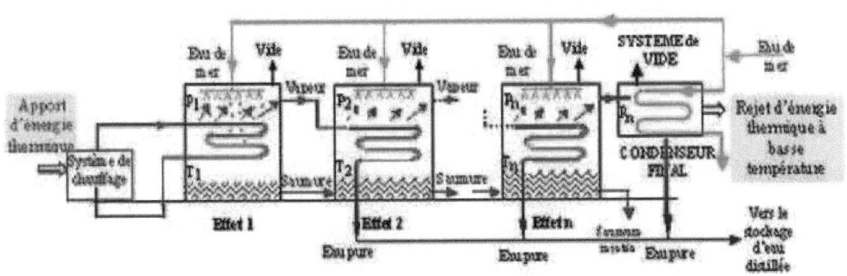

Figure 1.2: Distillation à multi effets (MED)

1.3.2.3 Compression de la vapeur

Comme le montre la figure 1.3, ce procédé fonctionne sur le principe d'une pompe à chaleur. La vapeur produite est comprimée adiabatiquement ce qui accroît sa température de saturation [8].

Lors de sa condensation, la vapeur transmette sa chaleur de vaporisation à l'eau salée avec un bon gradient thermique entraînant, un bon rendement. Le compresseur assure une faible pression dans la cellule permettant de fonctionner à une température réduite d'environ 60°C et d'éviter ainsi l'entartrage [10].

C'est un procédé de distillation peu consommateur d'énergie, puisqu'il fonctionne avec seulement 4.5 kWh.m^{-3} utilise exclusivement de l'électricité. Les capacités unitaires traitées qui dépendent directement de la capacité du compresseur sont en augmentation. Elles s'étendent aujourd'hui de 15 à plus de 3800 m^3.j^{-1} [5].

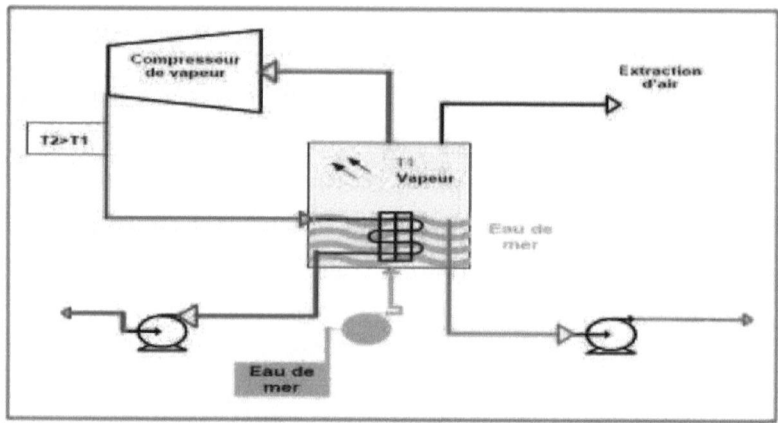

Figure 1.3: Distillation par compression de vapeur (VCD)

1.4 Distillation solaire

La crise de l'eau potable annoncée pour les années 2000-2020 relance fortement l'intérêt de développer rapidement des techniques de dessalement moins chères, plus simples, plus fiables, moins consommatrices d'énergie et respectant l'environnement. [8]

Le dessalement nécessite de l'énergie dont le coût intervient pour une grande part dans celui de l'eau. C'est pourquoi, il parait intéressant d'envisager l'utilisation de l'énergie solaire (distillation solaire) dans le processus de dessalement de l'eau de mer ou des eaux saumâtres sur tout dans les régions arides caractérisées par des gisements solaires très importants. Plusieurs études ont été consacrées à la distillation solaire ont abouti à des prototypes dont la conception et l'exploitation pourront présenter des difficultés d'utilisation pour le monde rural. Mais les distillateurs solaires simples à effet de serre sont fortement économiques dans leur conception ce qui permettrait leur utilisation à grande ou à petite échelle.

Les distillateurs solaires connus se répartissent en deux grands groupes, ceux dont la surface de condensation est également la couverture transparente au rayonnement solaire (mode direct), et ceux dont la surface de condensation est séparée du chauffage de l'eau (mode indirect).

1.4.1 Mode direct

1.4.1.1 Distillateur solaire à effet de serre

Soit une serre fermée exposée au soleil, à l'intérieur de laquelle se trouve une lame d'eau de mer ou d'eau saumâtre de quelques centimètres d'épaisseur (figure 1.4).

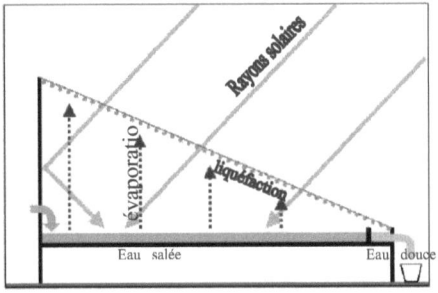

Figure 1.4: Distillateur solaire à effet de serre

L'air à l'intérieur de la serre est surchauffé et saturé de vapeur d'eau (douce) qui se condense au contact de la paroi en verre relativement froide. Les gouttes d'eau douce peuvent être obtenues en bas du vitrage dans une gouttière [11]. Cette technique ne nécessite pas de payer l'énergie nécessaire à la vaporisation de l'eau. Entre autre, il ne permet pas de récupérer beaucoup d'eau distillée.

1.4.1.2 Distillateur solaire incliné à cascades

Ce dispositif présente deux avantages, la lame d'eau est très faible et l'orientation par rapport au rayonnement incident se rapproche davantage de l'optimum. Un modèle de ce type, représenté sur la figure 1.5, n'a été exécuté qu'en petite taille. Ces dispositifs ont un bon rendement mais leurs constructions et leurs entretiens sont relativement coûteux [12].

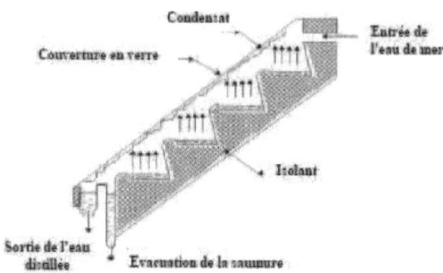

Figure 1.5: Distillateur solaire incliné à cascades

1.4.1.3 Distillateur solaire sphérique

C'est un distillateur en plexiglas transparent, à bac horizontal, et à surface de condensation demi-sphérique (figure 1.6). Le rayonnement incident transmis par la demi-sphère supérieure pénètre dans le bac et sert à chauffer la masse d'eau contenue dans celui-ci.

Une partie de l'eau s'évapore et la vapeur dégagée se condense sur la face intérieure de la vitre. Le distillat passe dans la demi-sphère inférieure à travers l'espace annulaire entre le bac et la sphère. Le balayage de la surface de condensation est réalisé au moyen d'un essuie-glace entraîné par un moteur. L'avantage de ce système de balayage est de maintenir la surface de condensation, constamment transparente au rayonnement, et d'assurer un drainage rapide des gouttelettes [13].

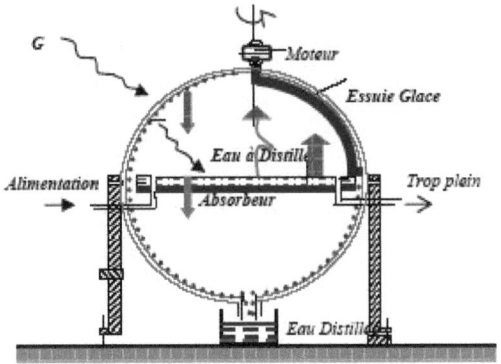

Figure 1.6: Distillateur solaire sphérique

1.4.2 Mode indirect : Distillation assistée par pompe à chaleur

L'ensemble des travaux présentés précédemment, donne une solution alternative d'approvisionnement en eau douce au monde rural. Il y a des régions caractérisées par des gisements solaires très importants, le distillateur simple à effet de serre pourrait convenir à ces régions d'autant plus que leur conception ne présente pas des difficultés techniques. Cependant, leur production en eau douce reste insuffisante. Dans le but d'améliorer leur rendement, notre étude trouve ici une des solutions.

On a ajouté une pompe à chaleur à un distillateur à effet de serre.

1.4.2.1 Principe

Une pompe à chaleur (PAC) est une machine thermodynamique qui produit du chauffage à partir d'une source de chaleur (air, eau, sol) dont la température est inférieure à celle du local à chauffer. Un fluide frigorigène transporte grâce à un compresseur électrique la chaleur récupérée par les capteurs vers un système de diffusion de la chaleur. Une PAC consomme donc de l'électricité et produit de la chaleur. Si elle produit 3 kWh de chauffage pour 1 kWh électrique consommé, son coefficient de performance (COP) est de 3 et le coût du chauffage est alors équivalent au coût d'un chauffage électrique divisé par 3. Plus le COP diminue, plus une PAC peut être assimilée à un chauffage électrique [14].

1.4.2.2 Fonctionnement

Une pompe à chaleur est constituée d'un circuit fermé parcouru par un fluide caloporteur qui subit des alternances de vaporisation et de condensation grâce au fonctionnement de compresseur (figure 1.7) [14].

Ces machines se composent de quatre éléments :
- d'un compresseur
- d'un condenseur
- d'un organe de détente
- d'un évaporateur

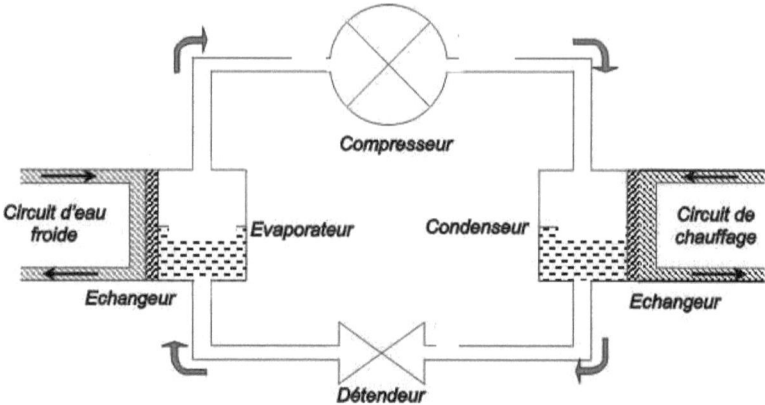

Figure 1.7: Principe de fonctionnement de pompe à chaleur

- o L'évaporateur est un échangeur de chaleur dans lequel circule d'un côté le fluide frigorigène provenant du détendeur, de l'autre côté le fluide extérieur auquel on puise de la chaleur (air ou eau). Le fluide frigorigène liquide provenant du détendeur va entrer en ébullition dans l'évaporateur en absorbant de la chaleur au fluide extérieur
- o Le compresseur va tout d'abord aspirer le gaz frigorigène à basse pression et à basse température. L'énergie mécanique apportée par le compresseur permettre d'élever la pression et la température du gaz frigorigène.
- o Le condenseur d'une pompe a chaleur est l'échangeur thermique dans laquelle le fluide frigorigène va céder sa chaleur au profit d'un fluide

caloporteur ou de l'air dans le cas d'un circuit à détente directe. A la sortie du condenseur, le fluide frigorigène s'est refroidi, conserve sa pression, mais change d'état. Comme son nom l'indique, le condenseur va faire passer le fluide frigorigène de l'état gazeux à l'état liquide, c'est le phénomène de condensation. Un condenseur se présente la plupart du temps sous forme d'un échangeur muni d'une multitude d'ailettes destinées à augmenter la surface d'échange thermique. Le condenseur d'un climatiseur est identique car un climatiseur est une pompe à chaleur avec un cycle frigorifique inverse. Le condenseur d'une climatisation air/air est la partie qui évacue de la chaleur à l'extérieur. Dans le caisson extérieur est intégré l'échangeur condenseur avec son ventilateur et le groupe compresseur.

o Le détendeur : Le liquide formé dans le condenseur est détendu d'une haute pression à une basse pression, dans un organe de détente appelé détendeur. La détente se produit sans aucun échange avec l'extérieur ni de chaleur, ni d'énergie mécanique et fait passer le fluide de l'état haute pression à l'état basse pression.

1.4.2.3 Efficacité

L'efficacité d'une pompe à chaleur s'exprime par le coefficient de performance (*COP*); c'est le rapport entre l'énergie de la source chaude et la quantité d'énergie fournie au compresseur.

Pour 1 kWh consommé, les pompes à chaleur restituent 2 à 4 kWh de chaleur (ou de rafraîchissement). Les systèmes de chauffage traditionnels sont loin d'avoir la même efficacité : pour 1kWh consommé, ils restituent moins de 1kWh de chaleur [15].

L'énergie utile pour une PAC étant la chaleur rejetée à la source chaude Q_c. Le coefficient de performance théorique (appelé parfois efficacité de Carnot). Cette limite théorique que l'on peut obtenir pour une machine quelle que soit la perfection technique de celle-ci. Par définition le coefficient de performance d'une PAC théorique décrivant le cycle idéal soit :

$$COP = \frac{Q_C}{W} \qquad (1.1)$$

C'est grâce à l'énergie mécanique W fournie à la pompe à chaleur (PAC) ditherme (soumise à deux sources de chaleur) donnée par la figure 1.8, qui est absorbée à la source froide Q_F (à la température T_F) et est rejetée à la source chaude Q_c (à la température $T_C > T_F$) [15].

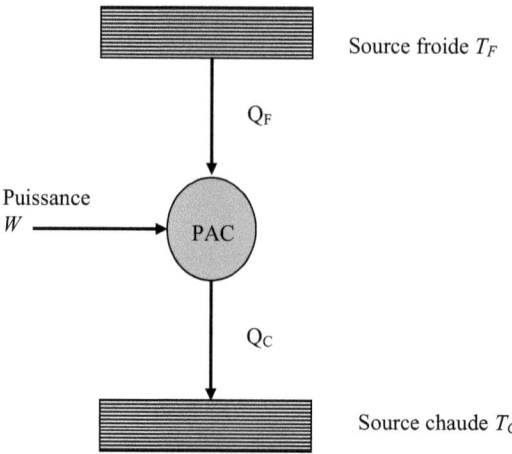

Figure 1.8: Schématisation du transfert de chaleur

Le bilan thermique de ce système donne :

$$Q_F - Q_C + W = 0$$
$$W = Q_C - Q_F \tag{1.2}$$

Soit

$$COP = \frac{Q_c}{Q_c - Q_F} \tag{1.3}$$

Le cycle fondamental d'une telle machine (à *compression mono-étagée* ou à *un seul compresseur*) peut être décomposé en quatre étapes illustrées dans un diagramme enthalpique (Log P= g (H)) plus traditionnellement utilisé par les frigoristes [16].

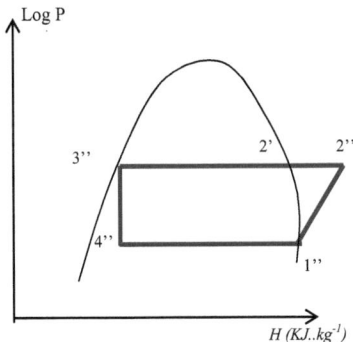

Figure 1.9: Cycles thermodynamiques théoriques d'une PAC à compression

Les étapes de transformation sont ainsi:
- 1''- 2'': compression adiabatique réversible (isentropique) : au point 2', le liquide est entièrement vaporisé.
- 2'-3'': condensation isotherme et isobare : il y a liquéfaction. la différence d'enthalpie entre 2' et 3'' représente la quantité de chaleur laissée au condenseur càd fournie au caloporteur.
- 3''- 4'' : détente isenthalpique du liquide frigorigène au travers d'une vanne de laminage. L'enthalpie ne varie pas car le froid produit sert pratiquement à refroidir le fluide.
- 4''-1'' : évaporation isotherme et isobare. Le cycle recommence.

Ce cycle fondamental s'accompagne des hypothèses suivantes d'une machine supposée idéale :
- le compresseur est parfait (pas d'espace mort, parois imperméables, pas de frottements ni de résistance passive)
- les échanges de chaleur dans l'évaporateur et dans le condenseur se font d'une manière réversible
- les parois des tuyauteries sont imperméables à la chaleur et l'écoulement du fluide s'y effectue sans frottement ni résistance passive (sauf au détendeur évidemment).

1.5 Paramètres influents le fonctionnement du distillateur

Le choix d'un distillateur solaire dépend de grandeurs appelés «caractéristiques de fonctionnement» à savoir le débit de distillat, les efficacités globale et interne qui sont influencées par les paramètres de fonctionnement externes et internes [13].

1.5.1 Paramètres externes

Les paramètres externes sont:

- *La vitesse du vent* : il intervient surtout dans l'échange par convection entre la face externe et l'ambiance.

- *La température ambiante de l'air*: la valeur de cette température intervient pour la détermination des échanges thermiques entre la partie interne et le milieu extérieur.

- *Les paramètres* **météorologiques**: l'humidité de l'air, la pluviométrie et l'intermittence des nuages doivent êtres prises en considération dans la mesure où ces facteurs modifie le bilan thermique du distillateur.

- *Les paramètres géographiques*: tels que la longitude et la hauteur du soleil.

1.5.2 Paramètres internes

1.5.2.1 Paramètres de position

i) L'emplacement du distillateur: endroit où il doit être placé de façon à éviter les obstacles « effet de masque », qui empêcherait le rayonnement solaire d'atteindre la surface de captation.

ii) L'orientation: elle dépend du fonctionnement du distillateur pendant la journée [13].

iii) L'inclinaison: elle dépend du fonctionnement du distillateur pendant l'année :

- ○ Fonctionnement estival → β = La - 10° ;
- ○ Fonctionnement hivernal → β = La+ 20° ;
- ○ Fonctionnement annuel → β = La + 10° [13].

Où: β c'est l'inclinaison du plan.

La c'est la latitude

1.5.2.2 Paramètres de construction (géométriques)

i) La couverture: La couverture de verre intervient essentiellement par sa nature. Il faudrait qu'elle transmette le maximum de rayonnement solaire et, qu'elle soit opaque à l'infrarouge. Elle doit être non hydrophobe et résiste aux attaques du vent et des particules solides.

ii) La surface absorbante: les études faites [17] dans ce domaine montrent que la surface absorbante peut être construite de plusieurs matériaux (bois, métal, béton, matière synthétique ou en verre ordinaire). Le choix de la matière de la surface absorbante ou bac noir dépend de son inertie thermique, de la résistance à l'oxydation par l'eau et les dépôts minéraux. On choisit généralement l'aluminium et le cuivre recouvert d'une mince couche de peinture noire mate, pour augmenter son pouvoir d'absorption et réduire les pertes thermiques par réflexion et par diffusion. La performance du distillateur augmente quand la distance entre la saumure et la vitre diminue.

1.5.2.3 Paramètres de la saumure

i) L'épaisseur de l'eau ou de la saumure à distiller : joue un rôle important dans la production, cette dernière est d'autant plus élevée que l'épaisseur est faible.

ii) Température de la saumure: les expériences faites dans le Sahara Algérien sur les distillateurs solaires à effet de serre ont montrées que le débit instantané en fonction de la température suit une loi hyperbolique [17]. Lorsque la température de la saumure augmente, un dépôt blanc sur la surface libre de l'eau dû à la formation de carbonates insolubles dans la saumure a été observé. Le dépôt salin agit sur le pouvoir absorbant de la surface noire et fait chuter considérablement la production [13].

iii) Concentration du sel: la production du distillateur diminue quand la concentration du sel augmente [17].

1.5.2.4 Paramètres optiques

Ce sont l'émissivité, l'absorptivité et la transmittivité de la surface absorbante et de la couverture.

1.5.2.5 Paramètres thermophysiques

Les paramètres thermophysiques du mélange air–vapeur, de la surface absorbante et de la saumure telle que, la conductivité thermique, la chaleur spécifique, la viscosité cinématique et dynamique et le coefficient de dilatation thermique du mélange, doivent être prises en compte.

1.6 Caractéristiques de fonctionnement du distillateur solaire

Suivant le type distillateur utilisé on distingue une efficacité interne et une autre globale.

1.6.1 Efficacités globale et interne dans un distillateur solaire simple

L'efficacité globale est donnée par le rapport de la quantité évaporée d'énergie à la quantité incidente globale d'énergie, sur une surface horizontale soit [18]:

$$\eta_g = \frac{q_{ew}}{G.S} = \frac{m_e.L_v}{G.S} \tag{1.4}$$

Tel que :

q_{ew} : flux de chaleur utilisée pour l'évaporation.
G : flux de rayonnement solaire.
S : surface du capteur.
L_v : chaleur latente de vaporisation de l'eau de mer.
m_e: débit de distillat récupéré.

L'efficacité globale définie ne mentionne pas la quantité d'énergie entrant réellement dans le distillateur pour un lieu donné et avec une pente de couverture fixe. On définit une efficacité interne comme étant le rapport de la quantité d'énergie évaporée à la surface, à la quantité d'énergie effectivement absorbée par la saumure.

$$\eta_i = \frac{q_{ew}}{q_w} = \frac{m_e L_v}{q_w} \tag{1.5}$$

Où :

q_w : La quantité de chaleur absorbée par l'eau est dépend de l'angle d'incidence du rayonnement incident par la vitre. On trouvera dans le tableau 1.3 les coefficients moyens globaux de réflexion, d'absorption et de transmission d'une vitre d'une nappe d'eau et du fond du distillateur.

Pour la densité de flux de chaleur la valeur de q_w est :

$$q_w = S.G\,(\tau_g \alpha_w + \tau_g \tau_w \alpha_b) \tag{1.6}$$

Avec :

τ_g: Coefficient de transmission de la vitre,
α_w : facteur d'absorption de l'eau
τ_w : Coefficient de transmission de l'eau.

α_b : Coefficient d'absorption du fond du distillateur.

On admet généralement que la chaleur absorbée par le fond du distillateur est cédée complètement à la masse d'eau par conduction-convection. On peut définir un coefficient d'absorption totale α_t pour la masse d'eau par :

$$\alpha_t = \tau_g \alpha_w + \tau_g \tau_w \alpha_b \tag{1.7}$$

Avec :

$$q_w = S.G.\alpha_t \tag{1.8}$$

Tableau 1.3: Coefficient de réflexion, d'absorption et de transmission pour différentes parties d'un distillateur [1]

Angle d'incidence du rayonnement en degrés (°)		0-30	45	60
Vitre	Réflexion	5%	6%	10%
	Absorption	5	5	5
	Transmission	90	89	85
Nappe d'eau	Réflexion	2	3	6
	Absorption	30	30	30
	Transmission	68	68	64
Fond distillateur	Réflexion	5	5	5
	Absorption	95	95	95
	Transmission	0	0	0

1.6.2 Efficacités globale et interne dans un distillateur solaire simple couplé avec pompe à chaleur

L'expression de l'efficacité globale dans le cas du couplage avec une pompe à chaleur se présente comme suit [19-21]:

$$\eta_g = \frac{q_{ew}}{q_w} \tag{1.9}$$

L'efficacité interne dans un distillateur solaire simple couplé avec pompe à chaleur est donnée par :

$$\eta_i = \frac{q_{ew}}{q_{wc}} \qquad (1.10)$$

Avec

q_{wc} : La quantité de chaleur absorbée par l'eau par l'utilisation d'une pompe à chaleur, soit :

$$q_{wc} = \alpha_t \times G \times S + q_{cond} = q_w + \alpha_t \times G \times S \qquad (1.11)$$

Avec

q_{cond} : La quantité d'eau condensée

$$q_{cond} = COP_{PAC}.W \qquad (1.12)$$

D'où la nouvelle expression de l'efficacité interne :

$$\eta_i = \frac{q_{ew}}{(\alpha_t.G.S + COP_{PAC}.W)3600} \qquad (1.12)$$

L'expression du COP $_{PAC}$ est donné par

$$COP_{PAC} = \frac{q_{cond}}{W} = \frac{T_w}{T_w - T_g} \qquad (1.13)$$

T_w : Température de l'eau
T_g : Température de la vitre

1.7 Etat de l'art du dessalement par distillation

L'étude du distillateur solaire est rendue délicate par la complexité des échanges thermiques et massiques à l'intérieur et à l'extérieur du distillateur. De plus, les géométries du distillateur et leurs influences sur le rendement ou sur la modélisation, en général posent de nombreux autres problèmes, tels que l'isolation thermique, le rayonnement incident, les matériaux de construction ainsi que le coût du distillateur solaire.

Cette complexité a conduit à un grand nombre de travaux scientifiques ayant trait soit à l'étude du distillateur solaire passif (conventionnel) avec plusieurs améliorations dans la forme géométrique soit actif avec une alimentation d'énergie (capteur solaire, échangeur, etc.).

Dunkle [22] a présenté une formulation mathématique complète et un modèle théorique fondamental pour la prévision des phénomènes de transfert de chaleur et de matière dans les distillateurs solaires. Cette analyse a été basée sur la description du transfert thermique par convection libre basée sur la corrélation sans dimensions, pour le flux de chaleur ascendant dans les espaces horizontaux.

Rheinlander [23] a développé un modèle numérique pour résoudre des équations de transfert de chaleur et de matière dans les systèmes solaires. Les résultats obtenus ont été comparés avec succès aux premiers travaux de Cooper [24], Tiwari et Chhabra [25].

Une analyse simplifiée a été présentée par Malik et al [26]. Cette analyse fondée sur des hypothèses plus simplifiées que celles de Dunkle [22] mène aux corrélations de base de transfert de chaleur et de matière, qui ont été déduites de la relation de Lewis [27,28].

Kumar et Tiwari, Aggrawal et Tiwari ont déterminé de nouvelles valeurs des constantes numériques dans la corrélation adimensionnelle [25,29].

L'influence de la profondeur de la couche de saumure sur les transferts de chaleur et de matière se produisant dans les distillateurs passifs et actifs a été étudiée par Kumar et al [30].

L'effet de l'inclinaison de la surface de condensation sur les processus de transfert de chaleur et de masse a été étudié expérimentalement par Tiwari et Tiwari [31].

L'effet des propriétés thermophysiques de l'air humide en tant que mélange binaire saturé de vapeur d'eau et d'air sec sur les processus de transfert de chaleur et de masse dans les distillateurs solaires a été étudié par Tsilingiris [32].

1.8 Conclusion

Les techniques de dessalement de l'eau de mer sont opérationnelles depuis de nombreuses années. Dans cette époque on distingue les procédés de dessalement par détentes successives (MSF), à multi effet (MED) et à compression de vapeur. Le dessalement solaire trouve sont intérêt dans ce domaine vue l'augmentation du coût des autres procédés. Pour ce dernier on distingue deux modes : le premier, est le mode direct où la surface de condensation et la couverture transparente sont directement exposées au rayonnement solaire. Pour se faire, on utilise les distillateurs solaires à effet de serre, sphérique et incliné à cascades. Cependant pour le distillateur à effet de serre hybride par une pompe à chaleur où la surface de condensation est séparée du chauffage, il représente le mode indirect de distillation solaire.

Le fonctionnement d'un distillateur est influencé par les paramètres de construction, de la saumure et thermophysiques. De même il est caractérisé par une efficacité interne et une efficacité globale rapportée au flux solaire reçu.

Le chapitre suivant présente une modélisation d'une unité de distillation solaire simple et hybride avec pompe à chaleur.

Chapitre 2

Modélisation d'un distillateur solaire simple et hybride avec pompe à chaleur

Dans le cadre de ce travail, l'objectif principal est la réalisation d'une unité de production de l'eau distillée par de l'énergie solaire et l'étude des paramètres influençant son fonctionnement.

L'opération d'un distillateur solaire est régie par divers modes de transfert thermique, il s'enduit qu'une compréhension appropriée est déterminante en concevant un distillateur. La convection et le rayonnement sont les modes prédominant dans un distillateur.

L'objectif de ce chapitre est l'étude de transfert de chaleur et de masse dans les distillateurs solaires simple et hybride avec pompe à chaleur. La première partie sera consacrée à la modélisation de coefficient de transfert thermique. Dans la seconde partie notre intérêt portera sur la simulation des températures dans différentes parties des distillateurs a étudiés.

2.1 Phénomènes d'échange énergétique

Le transfert thermique dans l'unité solaire de distillation peut être classifié en transfert thermique interne et externe. Le transfert thermique interne qui se produit dans le distillateur solaire se compose principalement de la convection, du rayonnement et de l'évaporation (figure 2.1), ce transfert thermique est accompagné du transport de la vapeur formée au-dessus de la surface d'eau. Le transfert de chaleur par convection se produit simultanément avec le transfert thermique évaporatif qui est indépendant du transfert de chaleur par rayonnement qui se produit aussi bien à l'intérieur qu'à l'extérieur du distillateur.

Le transfert thermique externe se produit en dehors du distillateur solaire, d'une part entre la couverture externe du verre et l'ambiant et d'autre part avec l'isolation du distillateur et l'ambiant. Le transfert thermique externe est principalement régi par la convection, la conduction et par le rayonnement qui sont indépendant l'un de l'autre [33].

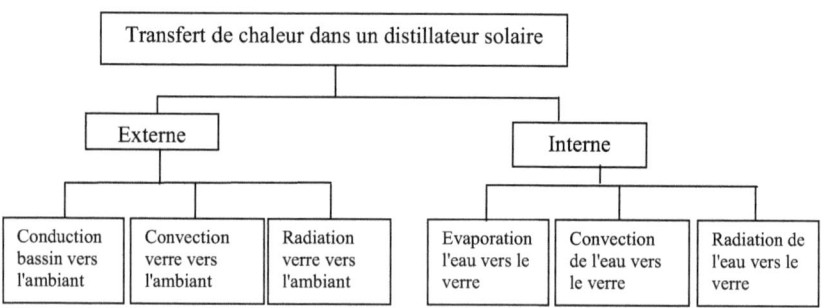

Figure 2.1: Classification du transfert de chaleur et de masse dans un distillateur solaire

La différence de température, connue sous le nom gradient de température, est la force motrice de n'importe quelle mode de transfert. La différence de température entre n'importe quelle surface chaude et le fluide en contact est celle qui cause la variation de la densité de ce fluide au-dessus de la surface et par suite sa flottabilité. Le mouvement de ce fluide, aussi produit est appelé convection libre ou naturel.

Le flux de transfert de chaleur par convection est décrit par l'équation suivante :

$$q_{cw} = h_{cw}.S.(T_w - T_g) \qquad (2.1)$$

Cependant, la complexité du problème se situe en évaluant le coefficient de transfert thermique *(h_{cw})*, qui est fonction de la géométrie, des caractéristiques d'écoulement, et des propriétés physiques du fluide. Dans la plupart des cas pratiques, les coefficients de transfert thermique sont évalués à partir des équations empiriques obtenues par corrélation en utilisant des méthodes d'analyse dimensionnelle.

2.1.1 Mode interne de transfert

Les modes d'échanges thermiques à l'intérieur du distillateur entre la surface de l'eau (saumure) et la vitre sont essentiellement la convection accompagné de transfert de masse (sous forme de vapeur d'eau) et le rayonnement.

2.1.1.1 La convection

Lorsque le transfert de chaleur s'accompagne d'un transfert de masse il est appelé transfert par convection. Il permet de déterminer les échanges de chaleur se produise entre un fluide et une paroi.

2.1.1.2 Expression du cœfficient d'échange thermique
a) Cœfficient de transfert convectif
i) Relation de Dunkle

La chaleur est transportée en majeur parti d'air humide à l'intérieur du distillateur par la convection libre. Le coefficient du transfert thermique *(h_{cw})* est habituellement incorporé dans le nombre de Nusselt *(Nu)* soit :

$$Nu = f(Gr.\Pr) \qquad (2.2)$$

Le nombre de Nusselt *(Nu)* est calculé à partir de la multiplication du nombre de Grashoff *(Gr)* qui représente le rapport de la force de flottabilité par la force visqueuse dans un fluide. Le nombre du Prandtl *(Pr)* c'est le rapport de la viscosité cinématique ($v = \dfrac{\mu_f}{\rho_f}$) par la diffusivité thermique massique D $(D = \dfrac{\lambda_f}{\rho_f C_{pa}})$.
μ_f la viscosité dynamique, C_{pa} la capacité thermique massique et λ_f la conductivité thermique.

Le nombre de Grashof est défini par :

$$Gr = \frac{\beta_{ex} g \rho_f^2 L^3 \Delta T}{\mu_f^2} \qquad (2.3)$$

Le nombre de Prandlt est défini par :

$$\Pr = \frac{\mu_f C_{Pa}}{\lambda_f} \qquad (2.4)$$

Pour un flux de chaleur ascendant sur une surface horizontale d'eau, Jakob [34] a proposé la corrélation suivante :

$$Nu = c \, (Gr \Pr)^n \qquad (2.5)$$

Tel que c et n sont des constantes qui dépendent de la gamme de Grashoff.

$$\begin{cases} Gr \langle 10^3 ; c = 1 \text{ et } n = 0 \\ 10^4 \langle Gr \langle 3.2 \, 10^5 ; c = 0.21 \text{ et } n = \frac{1}{4} \\ 3.2 \, 10^5 \langle Gr \langle 10^7 ; c = 0.075 \text{ et } n = \frac{1}{3} \end{cases}$$

Pour n=0 la convection est négligeable, alors que la circulation est laminaire pour n=0.25. Le régime est turbulent dans le dernier cas n=0.33.

Pour le cas d'une plaque plane horizontale en régime laminaire on aura selon Kabeel et al [35] n=0.27 et c=0.25.

Il a été montré par Sharpley et Boelter[36], que pour l'évaporation non isotherme le nombre spécial de Grashof Gr' est donné par la relation:

$$Gr' = \frac{L^3 g}{\mu_f^2} \left[\frac{\rho_{mg}}{\rho_{mw}} - 1 \right] \qquad (2.6)$$

Où ρ_{mg} et ρ_{mw} représentent les densités du mélange respectivement loin et près de la surface de condensation. L'expression ci-dessus peut être appliquée entre la surface libre du liquide et la surface de condensation du distillateur respectivement aux températures T_w et T_g.

En supposant que le fluide de fonctionnement dans le distillateur est un mélange binaire de deux composants gazeux en équilibre, les masses molaires respectivement M_w et M_g du mélange au niveau de la saumure (plan d'eau) et de la surface de condensation (face intérieure de la vitre) ne sont pas égales.

En appliquant l'équation de Grashof Gr' modifié on a :

$$Gr' = \frac{L^3 \rho_f^2 g}{\mu_f^2} \left[\frac{M_w T_w}{M_g T_g} - 1 \right] \qquad (2.7)$$

Les indices *(w)* et *(g)* se rapportent aux conditions sur la surface à laquelle l'évaporation commence et loin de la surface où se fait la condensation.

Pour le cas ou $M_w = M_g$ la limite $\left[\frac{M_g T_w}{M_w T_g} - 1 \right]$ se réduit a :

$$\beta \Delta T \quad \text{où} \quad \beta = T_g^{-1} \qquad (2.8)$$

On suppose que les gaz sont idéals on peut noté que : $P_{vg} + P_{ag} = P_{vw} + P_{aw} = P_T$.

Les pressions partielles atmosphériques de la vapeur d'eau et de l'air sec sont :
- P_{vg} et P_{ag} à la surface de condensation.
- P_{vw} et P_{aw} à la surface d'évaporation.

On suppose que les masses molaires M_w (la vapeur d'eau) et M_g (l'air sec) sont fonctions des fractions molaires des mélanges x_{vg} (coté vapeur) et x_{aw} (coté air) on peut écrire :

$$M_w = M_v x_{vw} + M_a x_{aw} \qquad (2.9)$$

$$M_g = M_v x_{vg} + M_a x_{ag} \qquad (2.10)$$

Soit $x_{vw} = \dfrac{P_{vw}}{P_T}, x_{aw} = \dfrac{P_{aw}}{P_T}, \; x_{vg} = \dfrac{P_{vg}}{P_T}$ et $x_{ag} = \dfrac{P_{ag}}{P_T}$

$$\left[\dfrac{M_g T_w}{M_w T_g} - 1\right] = \dfrac{M_v P_{vg} T_w + M_a P_{ag} T_w}{M_v P_{vw} T_g + M_a P_{aw} T_g} - 1 \qquad (2.11)$$

$$\left[\dfrac{M_g T_w}{M_w T_g} - 1\right] = \dfrac{M_v (P_{vg} T_w - P_{vw} T_g) + M_a (P_{ag} T_w - P_{aw} T_g)}{T_g (M_g P_{gw} + M_a P_{aw})} \qquad (2.12)$$

$$\left[\dfrac{M_g T_w}{M_w T_g} - 1\right] = \dfrac{(M_v P_{vw} + M_a (P_T - P_{vw}))(T_w - T_g) + (M_v - M_a)(P_{ag} - P_{vw}) T_w}{T_w (M_v P_{vw} + M_a (P_T - P_{vg}))} \qquad (2.13)$$

$$\left[\dfrac{M_g T_w}{M_w T_g} - 1\right] = \dfrac{T_w - T_g}{T_g} + \dfrac{(M_g - M_a)(P_{ag} - P_{aw}) T_w}{T_w (M_w P_{ww} + M_a (P_T - P_{ww}))} \qquad (2.14)$$

Pour un mélange air- vapeur d'eau à la pression atmosphérique on a :
$M_w = 18 \text{ g.mol}^{-1}$
$M_a = 28.96 \text{ g.mol}^{-1}$
$P_T = 98.07.10^3 \text{ Pa}$

L'équation (2.14) est assimilée à :

$$\left[\dfrac{M_g T_w}{M_w T_g} - 1\right] = \beta(\varDelta T + \dfrac{(P_{ag} - P_{ag}) T_w}{T_g (268.91.10^3 - P_{vg})}) = \beta \varDelta T \qquad (2.15)$$

Ainsi:

$$Gr^{'} = \dfrac{L^3 \rho_f^2 g \beta}{\mu_f^2} \varDelta T \qquad (2.16)$$

Dans le même contexte, pour une température moyenne de l'air de 50°C et une différence de température équivalente à 17°C d'air saturé, Dunkle [22] a proposé une valeur du nombre de Grashoff modifié égale à $2.81 \times 10^7 L^3$ (L est la distance entre surface d'eau et la couverture transparente). De plus, il a donné pour les constantes c et n

les valeurs 0.075 et 1/3, les expressions de la densité de flux de chaleur et le coefficient de transfert sont :

$$q_{c,w-g} = 0.884 \left[(T_w - T_g) + \frac{(P_w - P_g)(273 + T_w)}{268.9 \cdot 10^3 - P_w} \right]^{1/3} (T_w - T_g) = h_{cw}(T_w - T_g) \quad (2.17)$$

Avec:

$$h_{cw} = 0.884 \left[(T_w - T_g) + \frac{(P_w - P_g)(273 + T_w)}{268.9 \cdot 10^3 - P_w} \right]^{1/3} \quad (2.18)$$

ii) Nouveau modèle

Les obstacles de transfert thermique convectif sont très nombreux, les équations proposées dans les paragraphes qui précèdent admettent plusieurs limitations. Parmi lesquelles celle de Dunkle qui a pris des valeurs fixes pour les constantes c, n soit $c = 0.075$ et $n = 1/3$.

Indépendamment de la géométrie du distillateur et dont l'objectif de donner de bons résultats, Shawaqfeh et Farid [37] ont étudié simultanément des corrélations empiriques relatives h_{cw}. Pour le cas d'un régime turbulent ils ont pris 1/3 comme valeur de n et tel que c=0.067.

Dans le cas et pour le cas d'un distillateur solaire simple, Kumar et Tiwari [25] ont proposé les valeurs n = 0.0322 et c= 0.4144

La méthodologie utilisée par Shruti et Tiwari [38] et Kumar et Tiwari [25] pour déterminer les cœfficients de transfert convectif et évaporatif est tel que le débit massique de condensât prend la forme :

$$m_e = 0.0163(P_w - P_g)\left(\frac{\lambda}{L}\right)\left(\frac{3600}{L_v}\right) c(Ra)^n \quad (2.19)$$

Le coefficient d'échange convectif est comme suit :

$$h_{cw} = \left(\frac{\lambda}{L}\right) c(Gr.\Pr)^n \tag{2.20}$$

Par suite l'expression de condensât devient :

$$m_e = Kc(Gr\Pr)^n = Kc\,(Ra)^n \tag{2.21}$$

Avec :

$$K = 0.0163\,(P_w - P_g)\left(\frac{\lambda}{L}\right)\left(\frac{3600}{L_V}\right) \tag{2.22}$$

m_e peut été réécrite sous la forme $y = ax^b$, avec $y = \dfrac{m_e}{K}$; $x = Ra$; a = c et b = n

Si on introduit la fonction logarithme dans cette équation on obtient : $Lny = Lna + bLnx$

$$Ln\left(\frac{m_e}{K}\right) = Lnc + nLn(Gr.\Pr) \tag{2.23}$$

L'équation (2.23) prend la forme linéaire suivante :

$$y = a'x + D \tag{2.24}$$

Où

$$y = Ln(\frac{m_e}{K}) \tag{2.25a}$$

$$x = Ln(Gr\Pr) \tag{2.25b}$$

$$a = n \tag{2.26a}$$

$$D = Lnc \tag{2.26b}$$

Les valeurs de c et de n proposées tiennent compte des conditions suivantes :
- Effet de cavité solaire,
- Gammes de température de fonctionnement,
- Orientations des couvertures de condensation.

b) Cœfficient de transfert évaporatif

Le flux ascendant de la chaleur dans le distillateur représente la somme du transfert de la chaleur sensible dû à la circulation convective de l'air sec et du transfert thermique latent dû au transport direct de la vapeur d'eau à partir de la surface liquide.

L'eau s'évapore à la température T_w, jusqu'à la surface supérieure où elle se condense à la température T_g.

La masse d'air transférée par la convection libre est donnée par :

$$m_a = \frac{q_{cw}}{C_{pa}(T_w - T_g)} = \frac{h_{cw}}{C_{pa}} \qquad (2.27)$$

En supposant que l'air au voisinage de la surface de l'eau est saturé à la température de l'eau, l'humidité spécifique noté (ω) (ou la masse d'eau par unité de masse d'air sec) peut s'écrire comme suit :

$$\omega = \frac{M_w}{M_a} \frac{P_w}{(P_T - P_w)} \qquad (2.28)$$

En multipliant l'équation (2.28) par le rapport suivant $m_a = \frac{h_{cw}}{C_{pa}}$. La masse de la vapeur d'eau transférée au voisinage de la surface d'eau devient :

$$m_a.\omega_w = \frac{M_w}{M_a} \frac{P_w}{(P_T - P_w)} \frac{h_{cw}}{C_{pa}} \qquad (2.29)$$

De même la masse de la vapeur d'eau transférée sur la surface de condensation :

$$m_a \omega_g = \frac{M_w}{M_a} \frac{P_g}{(P_T - P_g)} \frac{h_{cg}}{C_{pa}} \qquad (2.30)$$

Baum [39] a constaté que la majeure partie d'air n'a eu aucun taux d'échange significatif entre la vapeur d'eau et les couches de frontière sur la surface de l'eau et du verre. Par suite la masse nette de la vapeur d'eau est donnée par la différence des deux équations (2.29) et (2.30) soit :

$$m_a.(\omega_w - \omega_g) = \frac{M_w}{M_a} \frac{h_{cw}}{C_{pa}} \left(\frac{P_w}{P_T - P_w} - \frac{P_g}{P_T - P_g} \right) \qquad (2.31)$$

Le flux de chaleur cédé par la condensation de la vapeur d'eau (q_{ew}), est le produit de la masse nette (m_a) de la vapeur d'eau transféré et de la chaleur latente de vaporisation (L_v) à la température de l'eau soit :

$$q_{ew} = m_a(\omega_w - \omega_g)L_v \tag{2.32}$$

En remplaçant $m_a(\omega_w - \omega_g)$ par $\dfrac{q_{ew}}{L_v}$ dans l'équation (2.32) on obtient :

$$q_{ew} = \frac{M_w}{M_a} \cdot \frac{(P_w - P_g)}{C_{pa}} \cdot L_v \cdot h_{cw} \cdot \frac{P_T}{(P_T - P_w)\cdot(P_T - P_g)} = h_{ew}(P_w - P_g) \tag{2.33}$$

Mehta et al [26] ont considéré que dans la pratique les valeurs de P_w et P_g sont considérablement plus petites que la valeur de la pression totale soit P_T, on suppose alors que le produit $(P_T\text{-}P_w).(P_T\text{-}P_g)$ est approximativement égal à P_T^2. L'équation (2.33) devient alors :

$$\begin{aligned}q_{ew} &= \frac{M_w}{M_a} \cdot \frac{(P_w - P_g)}{c_{pa}} \cdot L_v \cdot h_{cw} \cdot \frac{P_T}{P_T^2} \\ &= \frac{M_w}{M_a} \cdot \frac{(P_w - P_g)}{c_{pa}} \cdot L_v h_{cw} \cdot \frac{1}{P_T} = h_{ew}(P_w - P_g) \end{aligned} \tag{2.34}$$

Le coefficient de transfert évaporative h_{ew} peut s'écrire en termes de cœfficient de transfert thermique convective h_{cw} comme suit :

$$\frac{h_{ew}}{h_{cw}} = \frac{L_v}{c_{pa}} \frac{M_w}{M_a} \frac{1}{P_T} \tag{2.35}$$

Le rapport du coefficient de transfert thermique et le coefficient de transfert de masse, est égal à la chaleur spécifique par unité de volume à la pression constante du mélange. Soit la relation de Lewis [24].

$$\frac{h_{ew}}{h_m \rho_f C_{pa}} = 1 \qquad (2.36)$$

Par suite:

$$\frac{m_a}{S} = h_m (\rho_w - \rho_g) \qquad (2.37)$$

En utilisant l'équation des gaz parfaits pour la vapeur d'eau et en substituant le coefficient de l'équation (2.35) dans l'équation (2.37), on obtient

$$\frac{m_a}{S} = \frac{h_{cw}.M_g}{\rho_f C_{pa} R.T}(P_w - P_g) \qquad (2.38)$$

Nous avons supposé $T_g = T_w = T$. L'utilisation de l'équation des gaz parfaits pour l'air permet d'écrire

$$\frac{h_{ew}}{h_{cw}} = \frac{1}{\rho_f C_{pa}} \frac{M_g}{RT} \qquad (2.39)$$

La substitution des valeurs appropriées des différents paramètres dans l'équation (2.39) donne :

$$h_{ew} = 0.013 h_{cw} \qquad (2.40)$$

Dans l'ordre d'accomplir l'effet de la pression de la vapeur saturée Dunkle [22] a donné une corrélation expérimentale qui convient bien avec les valeurs de la température qui dépassent 55°C soit :

$$h_{ew} = 16.273.10^{-3} h_{cw} \frac{(P_w - P_g)}{(T_w - T_g)} \qquad (2.41)$$

Pour cela, le flux de la chaleur transféré par évaporation à partir de la surface de l'eau à la couverture en verre est donné par :

$$q_{ew} = 16.273.10^{-3} h_{cw}(P_w - P_g)$$ (2.42)

Avec

$$P_w = \exp\left(25.317 - \left(\frac{5144}{273.15 + T_w}\right)\right)$$ (2.43)

Et

$$P_g = \exp\left(25.317 - \left(\frac{5144}{273.15 + T_g}\right)\right)$$ (2.44)

c) Coefficient de transfert radiatif

Dans les études effectuées sur les distillateurs solaires, la surface de l'eau et la couverture, sont considérées comme des plans parallèles infinis. Cette considération est une approximation valide pour des distillateurs avec de petites pentes et de grandes dimensions dans les deux directions horizontales [24]. Le flux de la chaleur transféré par rayonnement est donné par:

$$q_{r,w-g} = h_{rw-g}(T_w - T_g)$$ (2.45)

σ : constante de Stefan-Boltzmann, ε_{eff} : émissivité effective donnée par :

$$\varepsilon_{eff} = \left[\frac{1}{\varepsilon_g} + \frac{1}{\varepsilon_w} - 1\right]^{-1}$$ (2.46)

ε_g, ε_w : émissivité respectivement de vitrage et l'eau

Le cœfficient de transfert h_{rw-g} de la surface d'eau à la surface du vitrage intérieur est donné par :

$$h_{r,w\text{-}g} = \frac{\varepsilon_{\text{eff}} \, \sigma \, [(T_w)^4 - (T_g)^4]}{(T_w - T_g)} \qquad (2.47)$$

2.1.2 Transfert de matière

Le débit d'eau récupérée est donné par l'équation suivante :

$$m_e = \frac{q_{ew}}{L_v} = \frac{h_{ew}(T_w - T_g)}{L_v} \qquad (2.48)$$

Plusieurs modèles ont été utilisés pour déterminer la quantité d'eau récupérée. Parmi ces modèles, on peut citer celui de Lewis [27], de Dunkle [22] et les corrélations de Kumar et Tiwari [25]. Afin d'augmenter la productivité des distillateurs solaires, de nombreuses technologies de dessalement sont proposées, tout en tenant compte des conditions climatique, de conception, de condition de fonctionnement et de l'endroit géographique [40-43]

Abdallah et al [44] ont étudié un distillateur solaire de pente simple. Deux types de matériaux absorbants ont été employés : des milieux poreux enduits et non-enduits (appelés éponges métalliques de fil) et des roches volcaniques noires. Les résultats ont prouvé que l'éponge non enduite donne un rendement d'eau plus élevé pendant le jour.

Shatat et Mahkamov [45] ont présenté une étude expérimentale sur un distillateur à plusieurs étages. Le rayonnement solaire pendant un jour d'été dans la région Moyen-Orient a été simulé sur un banc d'essai couvrant le domaine du capteur. Les résultats expérimentaux montrent que le système produit environ 9 kg d'eau douce par jour et par m² de surface, avec une efficacité de captation solaire d'environ 68 %.

Rehman et al [46] ont constaté que toute la productivité quotidienne du distillateur augmente avec l'élévation de la vitesse de vent jusqu'à une vitesse au-delà de laquelle l'augmentation de la productivité devient insignifiante. La productivité quotidienne du distillateur d'un jour d'été est de 12,635 kg.m^{-2}.j^{-1}.

Kwantra [47] a étudié l'importance de l'aire d'évaporation de l'eau dans un distillateur solaire. Il a montré que plus cette aire est importante, plus le système devient efficace.

Rubio-Cerda et al [48] ont présenté un procédé pour estimer la production dans un distillateur solaire à double pente, en fonction de la température.

Zheng et al **[49]** ont employé une résistance électrique immergée dans l'eau afin d'augmenter la température de l'eau du bassin. Dans ce cas, la température de l'eau atteint 85.5°C pour un distillateur solaire simple.

D'autre par Chen et al **[50]** ont proposé une deuxième relation pour le cœfficient de transfert convective h_{cw} dans lequel ils ont tenu compte de la longueur entre la surface d'évaporation et les surfaces de condensation. Pour un nombre de Nusselt de la forme $Nu = 0.2 \times Ra^{0.26}$ où $3.5 \times 10^3 < Ra < 10^6$, le coefficient de transfert convectif est donné par :

$$h_{cw} = 0.2 \ Ra^{0.26} \left(\frac{\lambda_f}{L} \right) \qquad (2.49)$$

λ_f est la conductivité thermique et L est la longueur caractéristique entre les surfaces d'évaporation et de condensation. Le nombre de Rayleigh devrait être modifié, selon le rapport de A. Mehta et al **[26]** soit Rayleigh Ra' modifié de la forme:

$$Ra' = \frac{\rho_f \, g \, \beta_{ex} \, L^3}{\mu_f \, \alpha} \Delta T' \qquad (2.50)$$

Avec

$$\Delta T' = (T_w - T_g) + \left(\frac{(P_w - P_g)(273 + T_w)}{268.9.10^3 - P_w} \right) \qquad (2.51)$$

L'analogie de Chilton-Colburn donnée par **[51]** :

$$\frac{Nu}{Pr^n} = \frac{Sh}{Sc^n} \qquad (2.52)$$

La substitution des nombres de Nu et Sh dans l'équation (2.52) donne :

$$\frac{h_{cw}(L/\lambda_f)}{Pr^n} = \frac{h_m(L/D)}{Sc^n} \qquad (2.53)$$

Soit :

$$\frac{h_{cw}}{h_m} = \left(\frac{\lambda_f}{D}\right)\left(\frac{\Pr}{Sc}\right)^n \qquad (2.54)$$

L'introduction du nombre de Lewis $Le = \dfrac{Sc}{\Pr} = \dfrac{\theta}{D}$

θ est la diffusivité thermique donnée par : $\theta = \dfrac{\lambda_f}{\rho_f . C_{pa}}$

D'où :

$$\frac{h_{cw}}{h_m} = \left(\frac{\lambda_f}{D}\right)\frac{1}{Le^n} = \frac{\theta . \rho_f C_{Pa}}{D} = \rho_f C_{pa} Le^{1-n} \qquad (2.55)$$

La masse évaporée par unité de surface dans le distillateur solaire est :

$$m_e = h_m (\rho_w - \rho_g) = \frac{h_{cw}}{\rho_f C_{pa} Le^{1-n}}(\rho_w - \rho_g) \qquad (2.56)$$

La masse évaporée devient dans ce cas :

$$m_e = \frac{h_{cw}}{\rho C_{pa} Le^{1-n}} \left(\frac{M_w}{R}\right)\left(\frac{P_w}{T_w} - \frac{P_g}{T_g}\right) \qquad (2.57)$$

A partir de cette analyse, on en déduit que tous les modèles mentionnés dérivent de la même méthodologie [52]. Ils diffèrent par les conditions d'utilisation comme: la température de l'eau considérée, les valeurs de c et n, l'inclinaison [50] de la couverture en verre, la longueur caractéristique entre l'eau et la couverture, etc....Pour cette raison, ce modèle sera pris dans notre travail comme référence.

2.1.3 Mode externe de transfert

Le transfert de chaleur du distillateur solaire vers l'atmosphère est connu sous le nom transfert de chaleur externe. Ils existent sous trois formes principales:

- Rayonnement de la vitre vers l'ambiant noté $q_{r,g\text{-}a}$ [40].

$$q_{r,g\text{-}a} = h_{r,g\text{-}ciel}(T_g - T_{ciel}) \tag{2.58}$$

Avec T_{ciel} : Température du ciel

$$T_{ciel} = T_a - 12 \tag{2.59}$$

Le coefficient d'échange par rayonnement soit $h_{r,g\text{-}ciel}$

$$h_{r,g\text{-}ciel} = \frac{\varepsilon_g \sigma[(T_g)^4 - (T_{ciel})^4]}{(T_g - T_{ciel})} \tag{2.60}$$

- Convection vitre milieu ambiant noté $q_{c,g\text{-}a}$.

$$q_{c,g\text{-}a} = h_{c,g\text{-}a}(T_g - T_a) \tag{2.61}$$

Le coefficient d'échange par convection entre la face externe de la vitre et le milieu ambiant $h_{c,g\text{-}a}$ est donné par la relation suivante [53] :

$$h_{c,g\text{-}a} = 5.7 + 3.8\ V \tag{2.61}$$

Avec V : la vitesse du vent

- Pertes par conduction du bassin noté $q_{pertes(b)}$ [40].

$$q_{perte(b)} = U_b(T_b - T_a) \tag{2.62}$$

Le coefficient d'échange par pertes du bassin est donné par.

$$U_b = \frac{\lambda_b}{e_b} \tag{2.63}$$

2.2 Bilans thermiques d'un distillateur solaire

Avant d'établir un bilan énergétique global d'un distillateur solaire, il faut déterminer, les principaux transferts de chaleur à l'intérieur et à l'extérieur.
Les hypothèses simplificatrices dans ce travail sont :
- Transfert de chaleur unidimensionnel.
- Perte de chaleur par appoint d'eau est négligeable.
- Perte de chaleur de l'isolant négligée : paroi adiabatique.
- Perte de chaleur par extraction du distillat négligeable.
- Perte de vapeur d'eau négligeable.
- Vitesse du vent constante.

2.2.1 Description et Principe de fonctionnement

Le bilan thermique en régime transitoire est donné par

$$\begin{Bmatrix} \text{flux d'energie} \\ \text{entrant} \end{Bmatrix} - \begin{Bmatrix} \text{flux d'energie} \\ \text{sortant} \end{Bmatrix} \pm \{\text{puissance generée}\} = \{\text{energie accumulée}\}$$

Nous allons réaliser un bilan thermique en régime variable sur chaque composante du distillateur : la vitre, l'eau, le bassin et de côté évaporateur. Nous traitons le cas du distillateur solaire simple et hybride avec pompe à chaleur.

2.2.1.1 Cas d'un distillateur solaire simple

La figure (2.2) représente le bilan énergique d'un distillateur solaire simple (SSD).

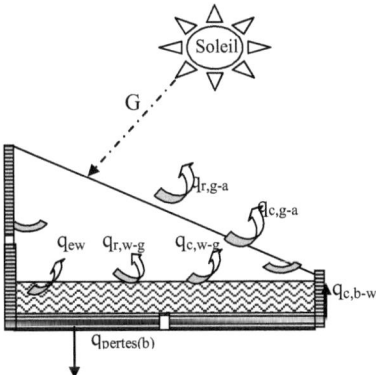

Figure 2.2: Bilan thermique d'un distillateur solaire simple

- ➢ Le flux solaire *(G)*, frappant la surface de la vitre est absorbé par la vitre et la surface absorbante (absorbeur- évaporateur).
- ➢ La vitre cède au milieu ambiant, les flux de chaleur $q_{r,g-a}$ par rayonnement et $q_{c,g-a}$ par convection et gagne par conduction q_{cd}.
- ➢ Par convection la vitre reçoit de l'évaporateur un flux de chaleur q_{ew}.
- ➢ L'évaporateur échange avec le condenseur les flux de chaleur $q_{r,w-g}$ par rayonnement et q_{cw-g} par convection.
- ➢ Le condenseur cède au milieu ambiant les flux de chaleur $q_{c,b-w}$ par convection et des $q_{pertes(b)}$

Les différents bilans thermiques aux différents endroits : sur la vitre, l'eau et au niveau du bassin sont comme suivant :

➢ <u>Bilan thermique sur la vitre</u>

Le bilan thermique sur la vitre est illustré sur la figure suivante :

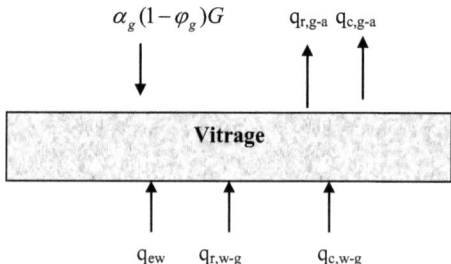

Figure 2.3 : Bilan thermique sur la vitre

$$\frac{m_g C_{pg}}{S_g}\frac{dT_g}{dt} = (\alpha_g(1-\varphi_g)G + (q_{ew}+q_{r,w-g}+q_{c,w-g}) - q_{r,g-a} - q_{c,g-a}) \quad (2.64)$$

Soit:

$$\frac{dT_g}{dt} = \frac{S_g}{(m_g C_{pg})}[\alpha_g(1-\varphi_g)G + (q_{ew}+q_{r,w-g}+q_{c,w-g}) - q_{r,g-a} - q_{c,g-a}] \quad (2.65)$$

➢ <u>Bilan thermique sur l'eau</u>

Le bilan thermique sur l'eau est illustré sur la figure 2.4

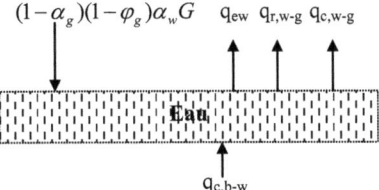

Figure 2.4: Bilan thermique sur l'eau

$$\frac{m_w C_{pw}}{S_w}\frac{dT_w}{dt} = (1-\alpha_g)(1-\varphi_g)\alpha_w G + q_{c,b-w} - q_{r,w-g} - q_{ew} - q_{c,w-g} \qquad (2.66)$$

Soit :

$$\frac{dT_w}{dt} = \frac{S_w}{(m_w C_{pw})}[(1-\alpha_g)(1-\varphi_g)\alpha_w G + q_{c,b-w} - q_{r,w-g} - q_{ew} - q_{cw-g}] \qquad (2.67)$$

Les Caractéristiques thermophysiques de l'air humide sont déterminées à partir des corrélations en fonction de la température (**Annexe B**). La salinité est fixée à 40 g L^{-1} qui correspond à la salinité de l'eau de mer à Gabès.

➢ Bilan thermique sur le bassin

Le bilan thermique sur le bassin et donner par la figure 2.5.

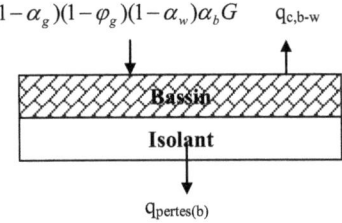

Figure 2.5: Bilan thermique sur le bassin

$$\frac{m_b C_{pb}}{S_B}\frac{dT_b}{dt} = (1-\alpha_g)(1-\varphi_g)(1-\alpha_w)\alpha_b G - q_{c,b-w} - q_{pertes(b)} \qquad (2.68)$$

Soit:

48

$$\frac{dT_b}{dt} = \frac{S_b}{(m_b C_{pb})}[(1-\alpha_g)(1-\varphi_g)(1-\alpha_w)\alpha_b G - q_{c,b-w} - q_{perte(b)}] \qquad (2.69)$$

❖ Débit de distillat

Le débit de distillat récupéré est donné par l'équation suivante :

$$\dot{m}_e = \frac{dm_e}{dt} = \frac{h_{ew}(T_w - T_g)}{L_v} \qquad (2.70)$$

2.2.1.2 Cas d'un distillateur muni d'une pompe à chaleur

La figure 2.6 représente le bilan énergique pour le cas d'un distillateur solaire hybride avec pompe à chaleur

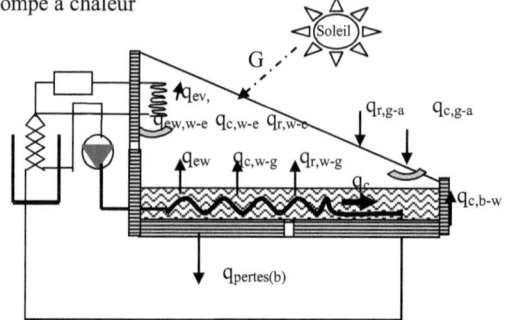

Figure 2.6: Bilan thermique d'un distillateur hybride avec pompe à chaleur.

Remarque : l'expression de bilan thermique au niveau du vitrage ne change pas.

➢ Bilan thermique niveau de l'évaporateur

$$\frac{m_e c_{pe}}{S_e}\frac{dT_e}{dt} = [q_{c,w-e} + q_{ew,w-e} + q_{r,w-e} - q_{ev,f}] \qquad (2.71)$$

Soit

$$\frac{dT_e}{dt} = \frac{S_e}{(m_e C_{pe})}[q_{c,w-e} + q_{ew,w-e} + q_{r,w-e} - q_{ev,f}] \qquad (2.72)$$

➢ Bilan thermique au niveau de l'eau

$$\frac{dT_w}{dt} = \frac{S_w}{(m_w C_{pw})}[(1-\alpha_g)(1-\varphi_g)\alpha_w G + q_{c,b-w} + q_c - q_{r,w-g} - q_{r,w-e} - q_{ew} - q_{ew,w-e} - q_{c,w-g} - q_{c,w-e}]$$
(2.73)

q_c : flux de chaleur au niveau du condenseur.

Les expressions de flux de chaleur et des coefficients de transfert de chaleur sont comme :

$$q_{r,w-g} = 0.9\,\sigma\,(T_w^4 - T_g^4) \tag{2.74}$$

$$q_{c,w-g} = h_{c,w-g}(T_w - T_g) \tag{2.75}$$

$$q_{c,b-w} = h_{c,b-w}(T_b - T_w) \tag{2.76}$$

$$q_{c,w-e} = h_{c,w-e}(T_w - T_e) \tag{2.77}$$

$$q_{ev,w-e} = h_{ev,w-e}(T_w - T_e) \tag{2.78}$$

Le flux de chaleur par évaporation est donné par l'expression suivante [54]

$$q_{ev,f} = h_{ev,f}(T_e - T_f) \tag{2.79}$$

Le cœfficient de transfert évaporatif dans un réfrigérant est donné par [54]

$$h_{ev,f} = \frac{Nu.k}{L} \tag{2.80}$$

Le flux de chaleur de l'eau est donné par l'expression suivante [54]

$$q_c = \frac{COP.W}{S} \tag{2.81}$$

Le coefficient de performance (COP) se calcul de la manière suivante [55]

$$COP = \frac{T_w}{T_w - T_g} \tag{2.82}$$

Le cœfficient de transfert convective entre l'eau et le bassin et [54] :

$$\begin{cases} h_{c,b-w} = 0.54 \dfrac{k_w . Ra^{1/4}}{L} \quad pour \, 10^4 \leq Ra \leq 10^7 \\ h_{c,b-w} = 0.15 \dfrac{k_w . Ra^{1/3}}{L} \quad pour \, 10^7 \leq Ra \leq 10^{11} \end{cases} \quad (2.83)$$

2.2.2 Résolution du système d'équations

Le fonctionnement du distillateur solaire est décrit par le système d'équations différentielles du 1er ordre suivant :

$$\begin{cases} \dfrac{dT_g}{dt} = \dfrac{S_g}{(m_g C_{pg})} (\alpha_g (1-\varphi_g) G + (q_{ew} + q_{r,w-g} + q_{c,w-g}) - q_{r,g-a} - q_{c,g-a}) \\ \text{SSD} \\ \dfrac{dT_w}{dt} = \dfrac{S_w}{(m_w C_{pw})} ((1-\alpha_g)(1-\varphi_g)\alpha_w G + q_{c,b-w} - q_{r,w-g} - q_{ew} - q_{c,w-g})) \\ \text{SSDHP} \\ \dfrac{dT_w}{dt} = \dfrac{S_w}{(m_w C_{pw})} ((1-\alpha_g)(1-\varphi_g)\alpha_w G + q_{c,b-w} + q_c - q_{r,w-g} - q_{ew} - q_{c,w-g} - q_{r,w-e} - q_{ew,w-e} - q_{c,w-e}) \\ \dfrac{dT_b}{dt} = \dfrac{S_b}{(m_b C_{pb})} ((1-\alpha_g)(1-\varphi_g)(1-\alpha_w)\alpha_b G - q_{c,b-w} - q_{perte(b)}) \\ \dfrac{dT_e}{dt} = \dfrac{S_b}{(m_e C_{pe})} (q_{cw-e} + q_{ew,w-e} - q_{ev,f}) \\ \dfrac{dm_e}{dt} = \dfrac{q_{ew}}{L_v} \end{cases}$$
(2.84)

La résolution de systèmes d'équations différentielles par la méthode de Runge-Kutta du quatrième ordre permet de déterminer les températures aux niveaux du bassin T_b, de l'eau T_w, de la vitre T_g, au niveau de l'évaporateur T_e et le débit d'eau récupéré m_e.

$$\dfrac{dT_i}{dt} = f(T_w, T_g, T_e ... t)$$

avec i=1 à 5

    t : représente le temps tel que t = t$_0$ + p

    t$_0$ = heure du lever du soleil et p le pas.

2.2.3 Organigramme de calcul

La première étape est le calcul des propriétés thermophysiques de l'air humide, du coefficient de transfert de chaleur par convection, le rapport évaporatif de transfert de chaleur par convection et du débit de distillat.

On suppose que les différentes composantes du distillateur sont à la température ambiante, excepté l'évaporateur qui se trouve à une température supérieure. On donne pour les températures initiales :
- la masse volumique,
- la conductivité thermique,
- les viscosités dynamiques et cinématique,
- la capacité thermique,
- la chaleur latente de vaporisation,
- les coefficients d'échange thermique.

On calcul a l'aide d'un logiciel matlab, les différents flux de chaleur échangés (convection, rayonnement, évaporation, conduction), la variation des températures des éléments du distillateur et le débit de distillat. Le modèle d'Eufrat (Annexe C) est capable aussi d'estimer le flux solaire.

L'organigramme du calcul est représenté dans la figure suivante :

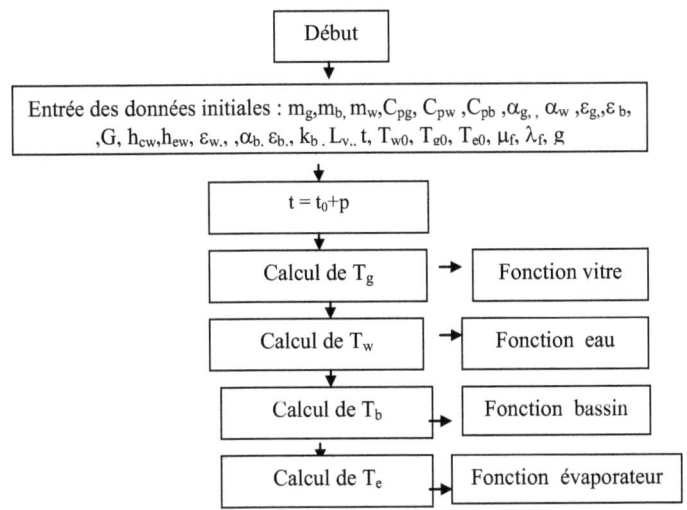

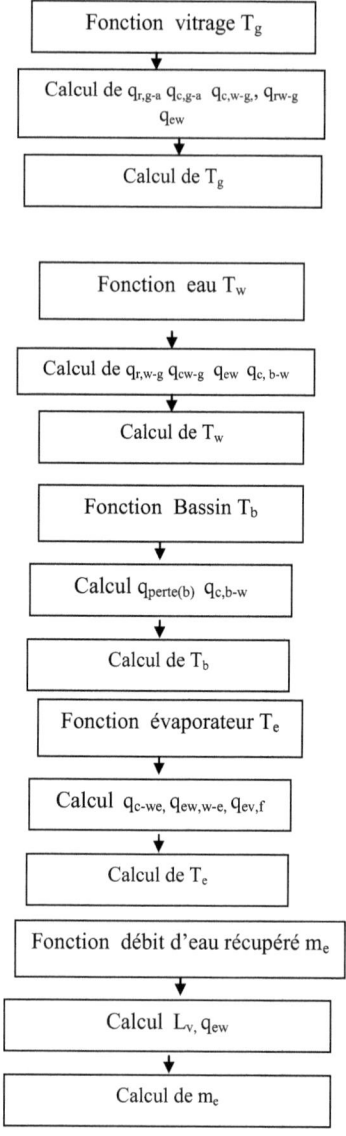

Figure 2.7: Organigramme du calcul des différents paramètres

2.3 Conclusion

La modélisation des distillateurs solaires simple et hybride avec pompe à chaleur est faite sur la base des bilans thermique et massique au niveau de chaque organe du système, il faut connaître les différents coefficients d'échange thermique massique des surfaces d'échange. Les coefficients de transfert convective, évaporative et rayonnante sont évolués à partir des équations obtenues par corrélation en utilisant des méthodes d'analyse adimensionnelle.

Le transfert de chaleur par convection est considéré en termes de quatre paramètres sans dimension, à savoir, les nombres de Nusselt, de Grashof, de Reynolds et de Prandtl.

La masse d'eau récupérée a été exprimée par les modèles de Lewis et Dunkle ainsi que par la corrélation de Kumar et Tiwari. Ces modèles décrivent la masse d'eau récupérée de la même méthodologie. Ils diffèrent par les conditions d'utilisation et les valeurs de c et n.

Les équations décrivant le phénomène de transfert thermique dans les distillateurs sont des équations différentielles ordinaires de premier ordre. Une méthode mathématique de Runge-Kutta d'ordre 4 a été choisie pour résoudre le modèle mathématique proposé qui sera validé par des résultats expérimentaux dans le chapitre suivant.

Chapitre 3

Etude expérimentale

Dans ce chapitre l'intérêt portera sur la réalisation des distillateurs solaire simple (SSD) et hybride avec pompe à chaleur (SSDHP). On présentera les caractéristiques de ces distillateurs, les différentes configurations adoptées ainsi que les grandeurs expérimentales.

Les résultats expérimentaux relatifs aux températures en différents points des distillateurs, au flux solaire pour différentes journées ainsi qu'aux débits d'eau récupérées seront présentés pour les différentes configurations des distillateurs. L'influence des paramètres de conception sur la quantité d'eau récupérée sera exposée et discuté.

Ce chapitre sera achevé par les résultats d'analyses de l'eau récupérées.

3.1 Appareillage

3.1.1 Caractéristique du distillateur solaire

La fabrication du distillateur solaire a été réalisée au sein de l'Unité Environnement Catalyse et Analyse des Procédés de l'Ecole Nationale d'Ingénieurs de Gabès (ENIG) [56]. Le bassin, fabriqué en acier inoxydable, a une surface de 1m². Il est résistant à l'eau saline chaude. Il a une absorbance élevée au rayonnement. Il est recouvert par une plaque en fer.

La surface du vitrage couvre la partie supérieure du distillateur faisant une pente de 30° avec l'horizontal. La surface du vitrage est 0.67m², son épaisseur est égale à 4mm. La couverture du vitrage inclinée servie comme émetteur d'énergie solaire aussi bien qu'une surface de condensation pour la vapeur produite. Le condensât s'écoule goutte à goutte vers le bas en glissant sur la couverture du vitrage mouillée, se rassemble en cuvette puis évacuée dehors dans une éprouvette de mesure.

Les caractéristiques techniques du distillateur sont résumées dans le tableau 3.1

Tableau 3.1 : Caractéristiques techniques du distillateur solaire

Spécification	Dimensions
Surface du bassin	1 m²
Surface de vitrage	0.67m²
Epaisseur de vitrage	4 mm
Nombre du vitrage	1 ou 2
Inclinaison du vitrage	30°

3.1.2 Dispositif expérimental

Deux types de distillateur ont été étudiés. Le premier est le distillateur solaire simple (SSD) dont la photo est donné par la figure 3.1. Ce distillateur, comme l'indique son nom, est à fonctionnement simple : L'eau saumâtre reçoit les rayons solaires. L'air à l'intérieur de distillateur est saturé de vapeur d'eau (douce) qui se condense au contact de la paroi de la vitre relativement froide. Les gouttes d'eau douce peuvent être recueilles en bas du vitrage dans une gouttière. On a montré sur la figure 3.2 les différents constituants de ce type de distillateur

Figure 3.1: Photo du distillateur solaire simple (SSD)

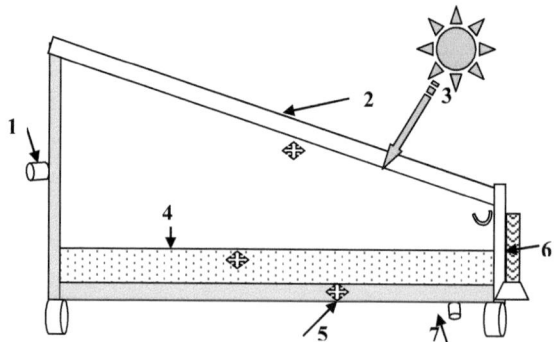

1- Entrée d'eau de mer, 2-Couvercle en verre, 3-Soleil, 4- Eau de mer, 5- Bassin, 6- Récupération d'eau pure, 7- Sortie de l'eau de mer, ✥ Position des thermomètres

Figure 3.2: Schéma du distillateur solaire simple

Le deuxième est un distillateur solaire hybride avec une pompe à chaleur nommé (SSDHP) (figure 3.3). La pompe à chaleur est doublement utilisée: son échangeur «le condenseur» va contribuer au chauffage de l'eau et donc à son évaporation. L'autre échangeur «l'évaporateur» permettra, en étant froid, de condenser une grande partie de la vapeur d'eau. La vapeur produite est absorbée naturellement par la dépression créée au niveau de l'évaporateur, où elle est condensée et récupérée dans une gouttière. Dans la figure 3.4, on donne un schéma plus détaillé de ce type de distillateur.

Figure 3.3: Photo du distillateur solaire hybride avec une pompe à chaleur (SSDHP)

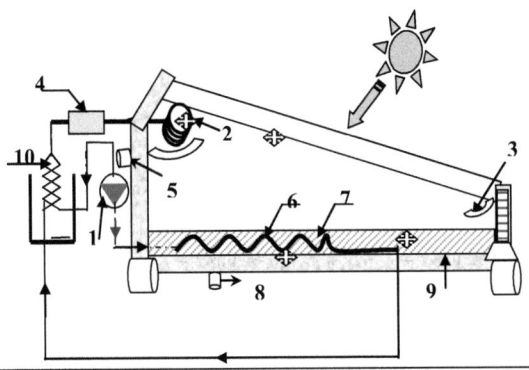

1- Compresseur, 2-Evaporateur, 3- Sortie d'eau pure, 4- Détendeur, 5- Entrée d'eau de mer , 6- Condenseur, 7- Eau de mer, 8- Sortie de l'eau, 9-Isolant, 10- Système de régulation. ⊕ Position des thermomètres

Figure 3.4: Schéma du distillateur solaire hybride avec une pompe à chaleur

3.1.3 Appareils de mesure

On mesure durant les expériences:

❖ Les températures à différents endroits (températures de la vitre (T_g) de l'eau (T_w), du bassin (T_b) et de l'évaporatoire (T_e) sont mesurés à l'aide des thermomètres.

❖ Le flux solaire (G) tombant sur une surface horizontale a été enregistré au moyen d'un Pyranometer.

❖ Le volume de distillat a été mesuré par une éprouvette placée à l'extrémité du conduit d'évacuation.

Les essais ont été réalisés au cours des différents jours de l'été 2010 dans la région de Gabès. L'angle d'inclinaison est égal à sa valeur optimale annuelle pour la ville de Gabès (angle d'inclinaison 30° par rapport à l'horizontal). Le distillateur est dirigé vers la position qui permet de capter le maximum de rayon solaire sans aucun obstacle. Les lectures ont été prises pour des intervalles du temps d'une heure durant presque dix-sept heures. Pendant les expériences le distillateur solaire est alimenté par l'eau de mer en quantité prise fixe.

3.1.4 Variables opératoires

Le tableau 3.2 illustre les différents variables qu'on a étudiés tels que l'orientation, le vitrage et l'utilisation de la pompe à chaleur. On attribue des chiffres pour éviter de mentionner à chaque fois les mots vitrage, positions et pompe à chaleur, soit :

-P : orientation
- fixe (0)
- variable (1)

- V: vitrage
- simple (0)
- double (1)

- F: pompe à chaleur
- sans PAC (0)
- avec PAC (1)

Tableau 3.2 : Les différents cas d'études avec leurs paramètres de variations

Orientation	Vitrage	Pompe à chaleur	Configurations
0	0	0	(000)
0	0	1	(001)
1	0	0	(010)
1	0	1	(011)
0	1	0	(100)
0	1	1	(101)
1	1	0	(110)
1	1	1	(111)

On respecte l'ordre position, vitrage et pompe à chaleur pour toutes les configurations.

Tableau 3.3 : Caractéristiques opératoires.

Paramètre	Symbol	Valeur	Unité
Masse de vitre	m_g	10.12	Kg/m²
Masse de l'eau	m_w	20.6	Kg/m²
Masse de bassin	m_b	15.6	Kg/m²
Capacité calorifique de vitre	C_{pg}	800	J/Kg°C
Capacité calorifique de l'eau	C_{pw}	4178	J/Kg°C
Capacité calorifique de bassin	C_{pb}	480	J/Kg°C
Absorbabilité de vitre	α_g	0.075	----
Absorbabilité de l'eau	α_w	0.05	----
Absorbabilité de bassin	α_b	0.95	----
Émissivité de vitre	ε_g	0.88	----
Émissivité de l'eau	ε_w	0.95	----
Émissivité de bassin	ε_b	0	----
Réflectivité de vitre	ρ_g	0.0735	----
Réflectivité de l'eau	ρ_w	0	----
Réflectivité de bassin	ρ_b	0	----
Conductivité thermique du bassin	k_b	16.30	W/m°K
Conductivité thermique de l'isolation	k_i	0.039	W/m°K

Le tableau 3.3 donne les différents paramètres qui caractérisent les distillateurs utilisés [66]

3.2. Etude expérimentale

3.2.1 Effet des paramètres climatiques

3.2.1.1 Variation instantanée des différentes températures

a)Sans pompe à chaleur

La courbe de la variation de l'intensité solaire reçue par une surface inclinée de 30° pour différents essais des journées du moi de Juillet 2010, est donnée par la figure 3.5. Il est observé que les différentes mesures ont été prises dans des conditions météorologiques proches. En plus, l'intensité solaire est plus importante dans l'intervalle du temps de 12 à 14 heures, tandis qu'elle est moins intense à la fin de la journée.

La figure 3.6 représente l'évolution des températures expérimentale on fonction du temps pour différentes configurations sans pompe à chaleur : au niveau de la vitre (T_g), de l'eau (T_w) et du bassin (T_b).

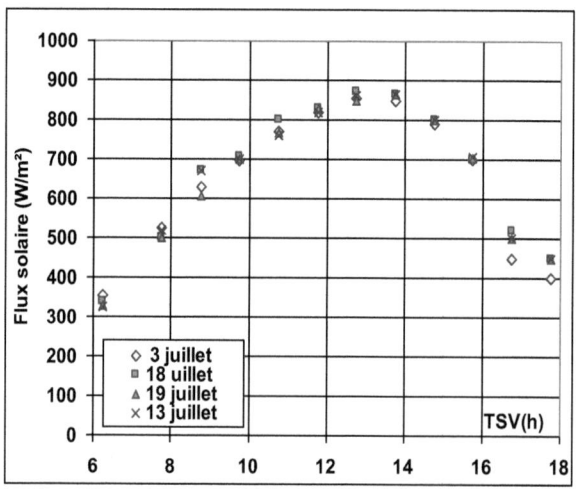

Figure 3.5: Variation instantanée expérimentales de flux solaire. Juillet 2010 configurations sans PAC

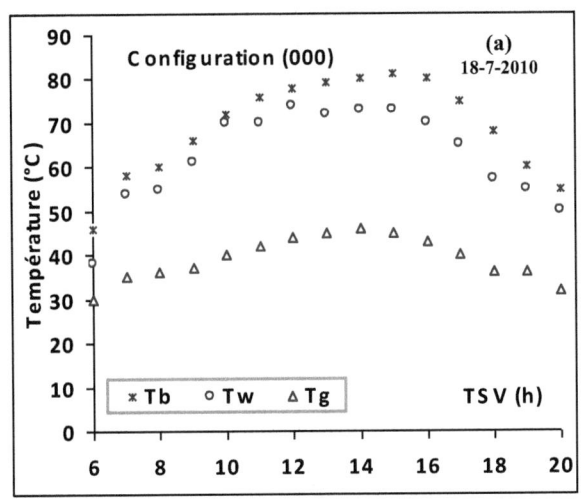

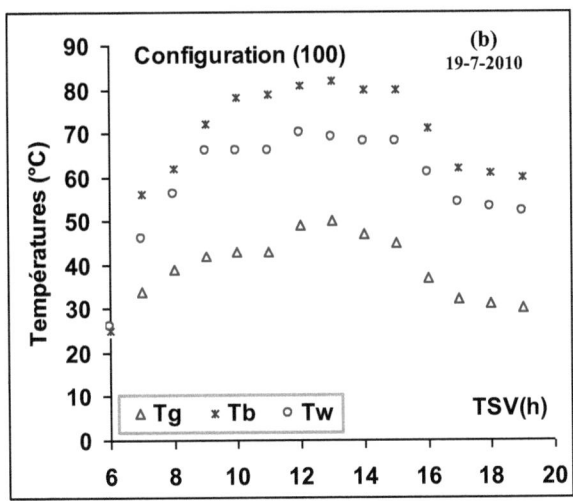

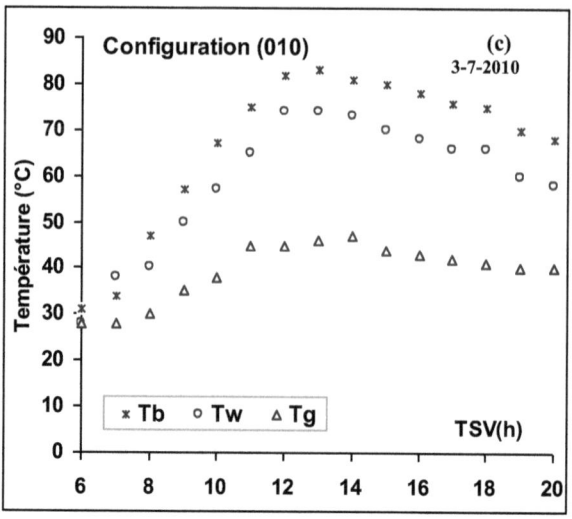

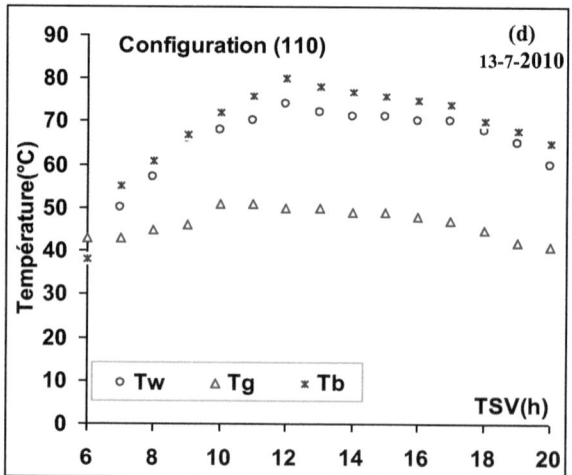

Figure 3.6 (a, b, c et d): Variation des températures expérimentales en fonction du temps. Modèle SSD

Sous l'effet de l'échange convectif avec l'ambiant, la température de la vitre (T_g) est de l'ordre de 40°C pour les quatre configurations sans pompe à chaleur. Cela permet à la vapeur d'eau de se condenser sur sa face intérieure. Les petites déviations observées sont dues au fait que le taux de condensation est plus haut que le taux de perte de chaleur à la surface de verre externe.

Le bassin absorbe le maximum de flux solaire, en raison de sa nature, ce qui provoque l'accroissement progressif et rapide de sa température (T_b). Elle atteint 82°C pour les configurations (000) et (100). L'eau s'échauffe sa température (T_w) sera alors importante pour les quatre configurations (atteint 75°C pour la configuration (000)). A 15 heures, le flux solaire incident diminue, il s'ensuit un décroissement de la température du bassin, tout en restant supérieure à celle de l'eau. Les variations horaires des températures du bassin et de l'eau sont très proches, cela est dû à la basse capacité de matériel absorbant du bassin [57].

b) Avec pompe à chaleur

En ajoutant une pompe à chaleur, la variation des températures au niveau de l'eau *(T_w)*, de la vitre *(T_g)*, du bassin *(T_b)* et au niveau de l'évaporateur *(T_e)* est illustrée sur la figure 3.7. De même les expériences ont été réalisées au moi de juillet 2010 à l'Ecole Nationale d'Ingénieure de Gabès (ENIG) avec un flux solaire donné sur la figure 3.8. La variation de ces températures représente la même allure que dans le cas du système sans pompe à chaleur. Cependant les valeurs des températures de l'eau et du bassin montrent une augmentation.

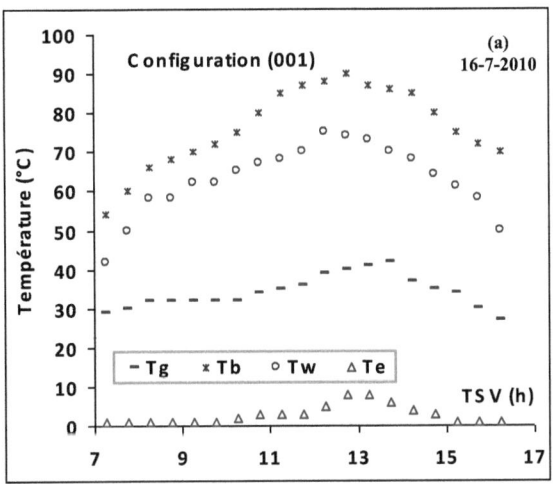

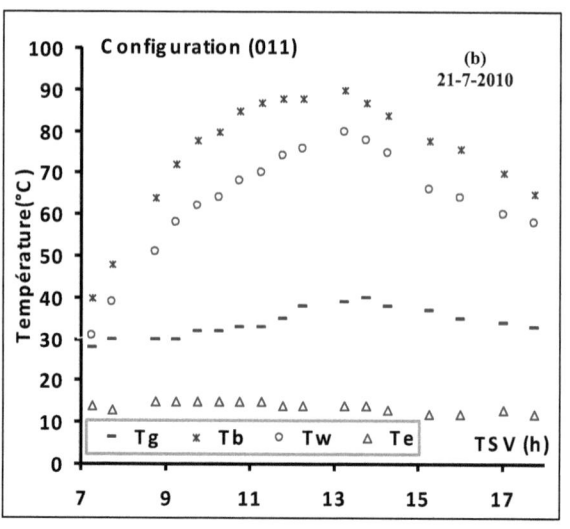
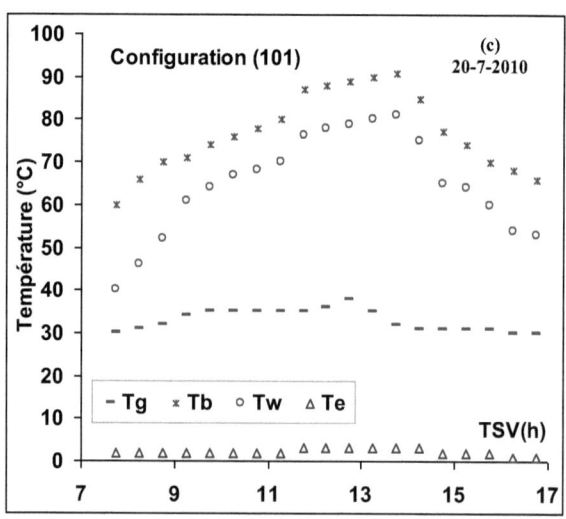

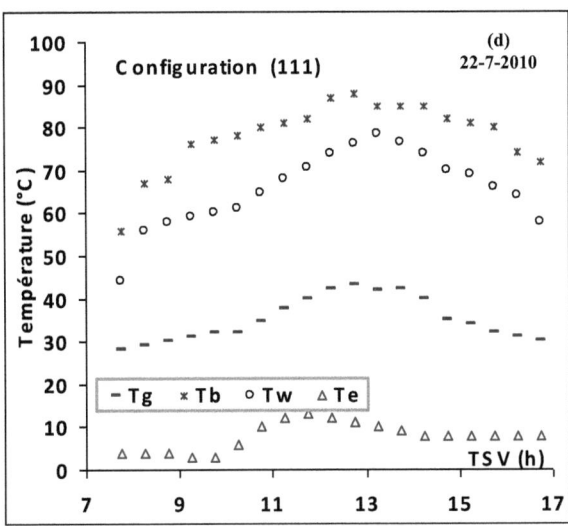

Figure 3.7 (a, b, c et d): Variation des différentes températures expérimentaux. Modèle SSDHP.

Le condenseur a pour rôle d'accroître la température du bassin. Cette température atteint 90°C pour tout les configurations et par suite la température de l'eau peut dépasser 85°C à midi solaire vrai (configuration (001)) **[57]**.

L'évaporateur, vu son emplacement, provoque le refroidissement de la face intérieure de la vitre, la température au niveau de l'évaporateur ne dépasse pas 10°C (configurations (111), (101) et (001)).

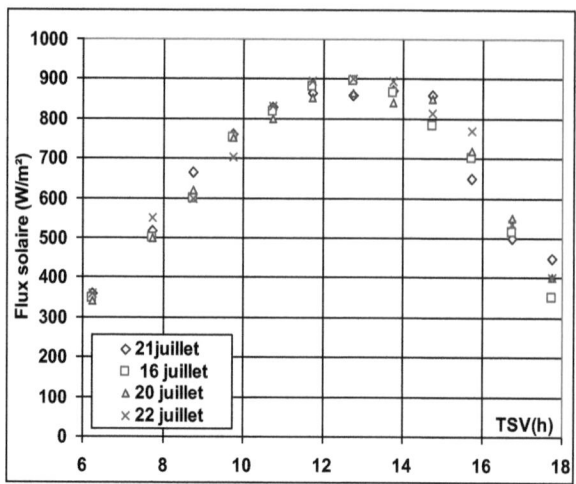

Figure 3.8: Variation instantanée expérimentales de flux solaire. Juillet 2010 configurations avec PAC

3.2.1.2 Débits d'eau récupérée

Les résultats expérimentaux des débits horaires pour les modèles SSD et SSDHP sont illustrés respectivement sur la figure 3.9. La production de distillateur solaire simple ne commence à être effective que vers 13TSV pour toutes les configurations.

Pour le modèle SSDHP (configurations (011), (101)) la production commence avant celle de SSD vers 10TSV. Ceci est dû à l'inertie thermique du distillateur et de l'écart de températures entre la face interne du vitrage et de la saumure. La température du coté intérieur reste inférieure à celle de l'eau, ce qui favorise la condensation de la vapeur d'eau tombant sur sa paroi en formant des gouttelettes qui ruissellent sous l'effet de l'inclinaison du vitrage vers une gouttière pour récolté la quantité du distillat. Comme il est claire que le débit d'eau récupérée le plus faible est celui de la configuration (010), cependant le résultat est comparable pour les autres ce qui montre l'influence du double vitrage sur la productivité [58].

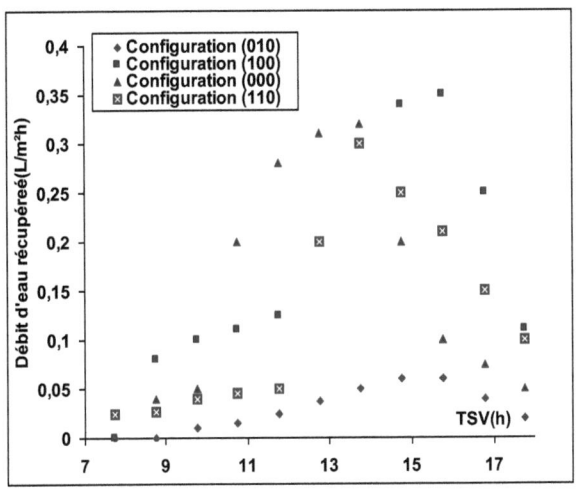

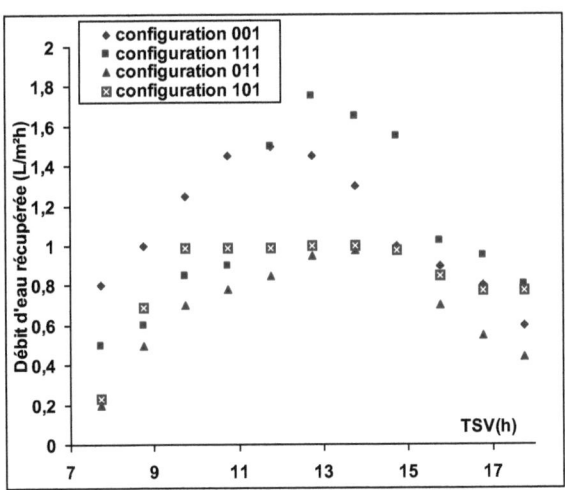

Figure 3.9 : Variation de débit expérimentale d'eau récupérée fonction du temps. Modèles SSD et SSDHP

Pour le type SSDHP la présence de la pompe à chaleur aide à l'évaporation et à la condensation de l'eau. Ce débit est important [20], il atteint la valeur de 1.7 l.m^{-2}h^{-1} pour la configuration (111) par comparaison avec SSD, le rendement maximal est égal à 0.3 l.m^{-2}h^{-1} configurations (000) et (100).

Contrairement à ce qui est attendu pour la configuration (111), le double vitrage fait augmenter la productivité, du fait qu'il protège l'évaporateur contre les rayons solaires ce qui favorise de plus la condensation.

Les données disponibles (tableau 3.4) montrent que la production du distillateur solaire à effet de serre couplé à une pompe à chaleur est supérieure à la production des autres distillateurs. Cette production est significative, elle varie de 6,5 à 13,5 kg/m²/jour le long de l'année. Pour cela, les recherches doivent se poursuivre pour augmenter la production [64].

Tableau 3.4. : Comparaison des débits d'eau récupérés

Type de distillateur	Production (kg/m²/jour)
Distillateur sphérique	4 -7
Distillateur avec régénération	3.50 – 8.75
Distillateur à double effet	4 – 10.50
Distillateur intégré à un condenseur	4.90
Distillateur couplé à une PAC	6.50 – 13.50

L'allure générale de la figure 3.10, illustre respectivement la production cumulée instantanée d'eau distillée pendant les heures des essais. Cette production est nettement très importante pour les deux configurations (111) et (001), alors qu'elle est moins élevée pour celui des configurations (100) et (000). Elle est égale à 12 $l.m^{-2}h^{-1}$ à la fin de la journée pour les configurations avec pompe à chaleur et ne dépasse pas 2 $l.m^{-2}h^{-1}$ pour les configurations sans pompe à chaleur.

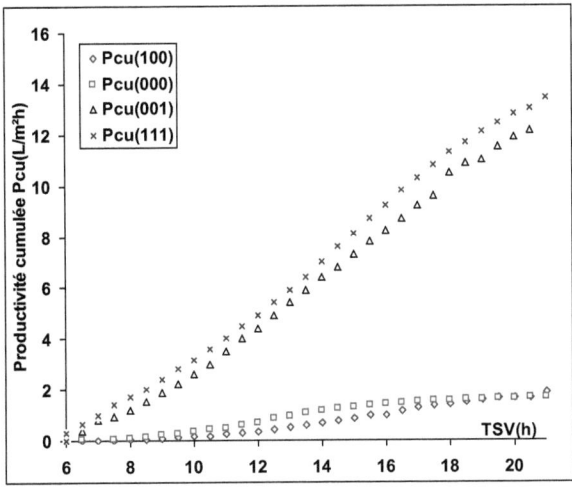

Figure 3.10 : Variation de la productivité cumulée expérimentale.

3.2.1.3 Effet des paramètres de conception

a) Effet du nombre de vitrage

Afin de mieux assimiler l'influence de nombre de vitrage sur [59] le fonctionnement de distillateur, on a comparé les paramètres suivants :

➢ Les températures.
➢ Débit de distillat récupéré.

Il est clair d'après les figures (3.11, 12, 13 et 14) que ces paramètres ont modifié d'une façon nette la température intérieure du vitrage (configurations (000) et (010)) mais avec un effet contraire, c'est-à-dire une augmentation de nombre de vitrage engendre une élévation de la température de la face interne. Une diminution de nombre de vitrage entraîne une augmentation de la température de vitrage extérieure ce qui est montré dans ces configurations.

En effet, une augmentation de nombre de vitrage entraîne une élévation de la résistance au transfert conductif entre les deux faces, alors la face la plus chaude (côté intérieur) n'arrive pas aisément à transmettre sa chaleur à la face la moins chaude (côté extérieur) contrairement à ce qui s'est passé si le nombre de vitrage est réduit (un seul vitre).

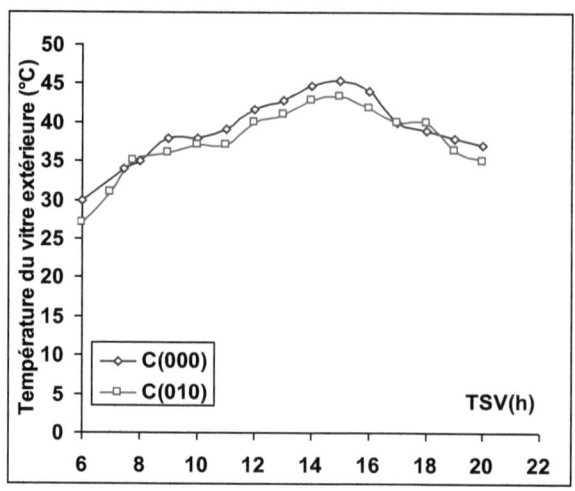

Figure 3.11 : Variation de la température de la vitre extérieure en fonction du temps

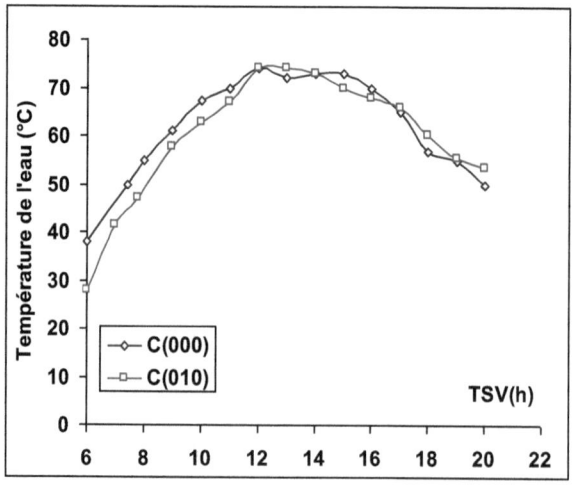

Figure 3.12 : Variation de la température de l'eau en fonction du temps

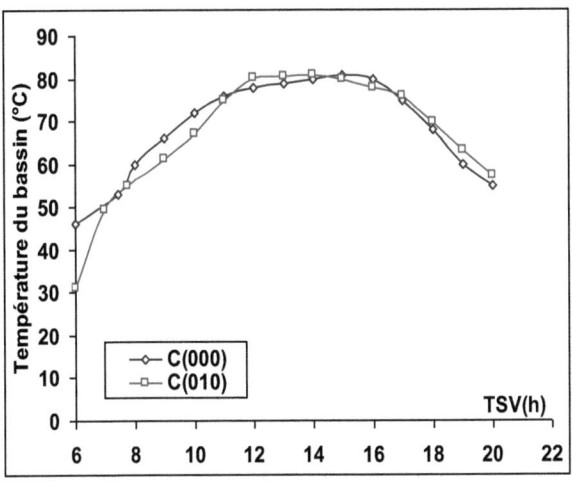

Figure 3.13 : Variation de la température du bassin en fonction du temps

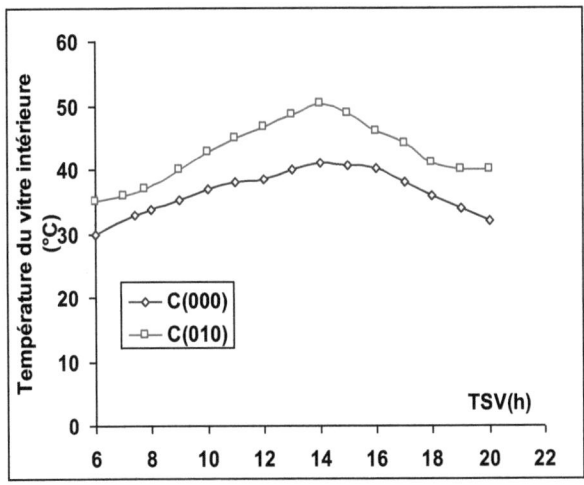

Figure 3.14 : Variation de la température intérieure en fonction du temps

Le nombre des couvertures transparentes utilisées dans un distillateur solaire simple (SSD) a pour effet de diminuer la productivité cumulée P_{cu} comme le montre d'une part la figure 3.15 relative aux configurations (000) et (010), et d'autre part la figure 3.16 pour les configurations (111) et (101). La productivité maximale pour la couverture simple (configuration (000)) est égale à 2 $l.m^{-2}.h^{-1}$. Elle est de 1.4 $l.m^{-2}.h^{-1}$ pour la couverture double (010).

Ce résultat n'est pas trop observé avec les deux configurations (111) et (101) en effet, la production augmente avec la diminution de la température de vitrage. Cela est dû à l'effet de pompe à chaleur qui s'impose sur la productivité plus que le vitrage. Ainsi le débit du distillat récupéré est d'autant plus grand que le gradient de température entre l'eau et la face intérieure de la vitre est important.

La différence entre la température de l'eau et celle du vitrage intérieur augmente la circulation naturelle de la masse d'air. Par suite, les transferts convectif et évaporatif augmentent. La surface intérieure de verre devient plus froide et augmente le taux de condensation. La température de couverture du vitrage est réduite par un film de rafraîchissement de l'eau coulant continuellement sur la vitre [60]. L'eau se rafraîchissant libère la chaleur latente de condensation récupérable dans le bassin.

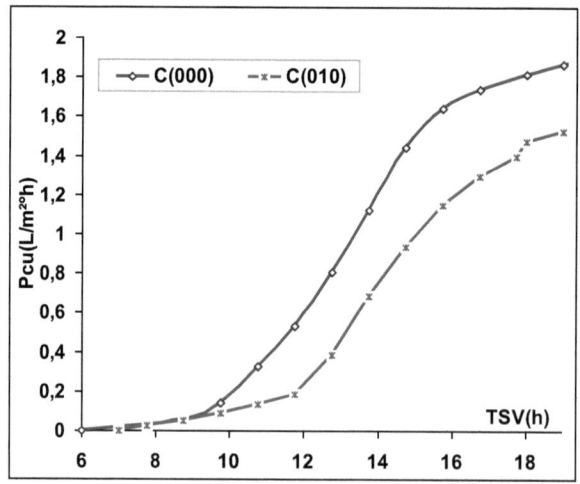

Figure 3.15: Variation de (Pcu) expérimentale en fonction du temps Configurations (000) et (010)

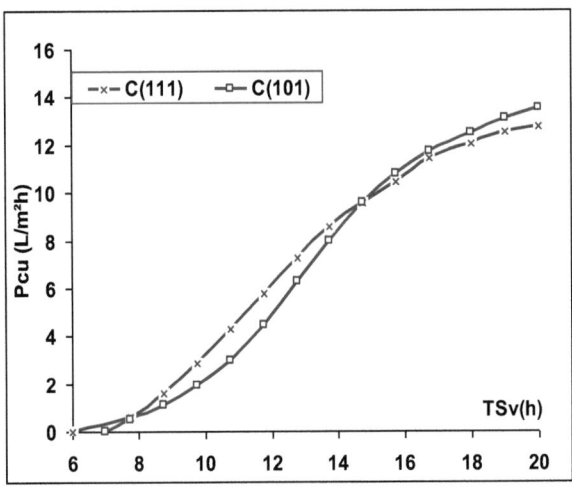

Figure 3.16: Variation du P_{cu} expérimentale en fonction du temps. Configurations (101) et (111)

b) Effet de l'orientation

La figure 3.17 montre l'influence de l'orientation du distillateur sur le distillat récupéré pour les deux modèles SSD et SSDHP.

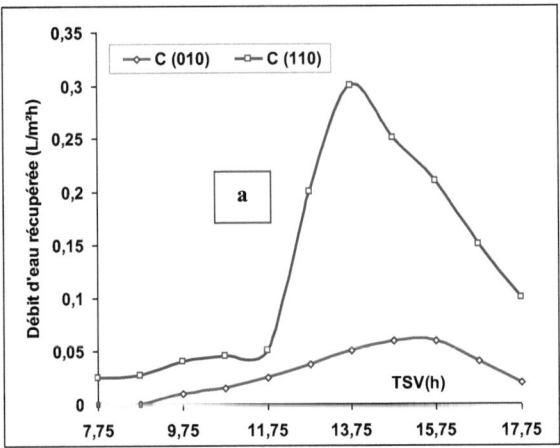

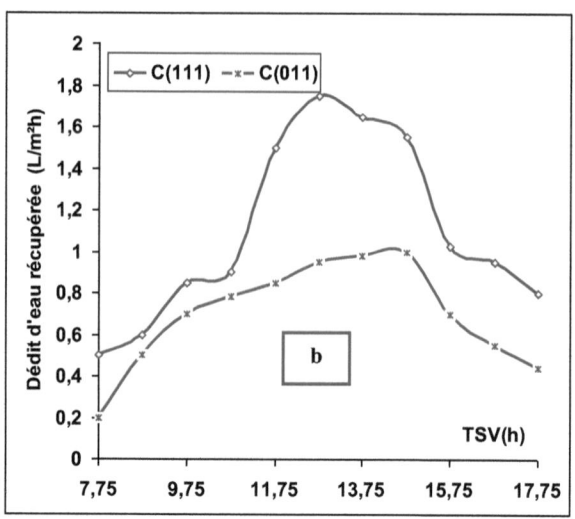

Figure 3.17 (a, b) : Effet de l'orientation sur le débit d'eau récupérée. Configurations (111) et (011)

En ce qui concerne les deux configurations (110) et (010), on remarque que la masse d'eau est trois fois plus importante ($0.3 l.m^{-2}h^{-1}$) pour (110) que pour une orientation fixe (010) ($0.1\ l.m^{-2}h^{-}$) **[59]** à 13TSV.

De même, on constate qu'une variation de l'orientation du vitrage entraîne une augmentation considérable de la production **[61]**. La configuration (111) ($1.8\ l.m^{-2}h^{-1}$) par rapport à celle de la configuration (011) qui ne dépasse pas $0.8 l.m^{-2}h^{-1}$.

3.3 Analyse de l'eau récupérée

L'eau contient beaucoup d'ions dissous dont les principaux sont les ions calcium (Ca^{2+}), magnésium (Mg^{2+}), sodium (Na^+), potassium (K^+), carbonate (CO_3^{2-}), hydrogénocarbonate aussi appelé bicarbonate (HCO_3^-), sulfate (SO_4^{2-}), chlorure (Cl^-) et nitrate (NO_3^-). Ils proviennent pour l'essentiel du lessivage des sols par les eaux de pluie. Aussi, leur teneur dépend-elle directement de la nature des roches du bassin versant. Elle peut varier du milligramme par litre au gramme par litre pour les eaux les plus salées **[61]**. En moins grande concentration (du microgramme au milligramme par litre), l'eau contient aussi des éléments nutritifs, ou nutriments, que sont l'azote (contenu dans l'ammoniac, les nitrites et les nitrates), le phosphore (contenu dans les phosphates) et la silice, mais aussi le fer et le manganèse. D'autres éléments ne sont présents qu'a l'état de trace (de 0,1 à 100 microgrammes par litre), comme l'arsenic, le cuivre, le cadmium, le manganèse, le fer, le zinc, le cobalt, le plomb... Ils proviennent des roches mais aussi parfois des activités industrielles et domestiques

Un échantillon de l'eau distillée qu'on a récupéré a été examiné dans le tableau 3.5. Les paramètres d'essai étaient de déterminer les quantités de Ca, Mg, Na, SO4, Zn, Cd, Cu, Fe et Al. L'exposition des analyses était appropriée aux normes de l'eau potable. Mais les teneurs cuivre été différentes à la norme. Cela est dû à la présence du condenseur plongé dans l'eau du bassin, leur corrosion influence sur le pourcentage des ions cuivre qui se trouve dans l'eau.

Tableau 3.5 : Analyse de l'eau récupérée. Laboratoire génie de procédés et chimie industriel l'ENIG

Désignation (ppm)	initial	final
Mg	950	0.02
Ca	462	1.85
Na	6070	1.02
K	525	0.3
SO4	2964	1.5
Zn	<0.01	0.044
Cd	<0.01	<0.01
Cu	0.048	0.244
Fe	<0.01	<0.01
Al	<0.01	<0.01

3.4 Conclusion

Lors de cette étude expérimentale deux types de distillateurs sont utilisés à savoir un distillateur solaire simple et hybride avec une pompe à chaleur. Huit configurations sont adoptées ceci pour une orientation fixe et variable, avec simple et double vitrage et avec et sans pompe à chaleur.

Les expériences réalisées montrent que, l'irradiation solaire reste le paramètre le plus influant sur la production d'eau distillée et sur les températures de tous les composants des distillateurs, qui augmentent au fur et à mesure que le rayonnement solaire augmente (ont la même tendance).

Les températures de l'eau augmentent avec l'utilisation de la pompe à chaleur. Elles atteignent des valeurs de l'ordre de 87°C pour le cas SSDHP alors qu'elles ne dépassent pas 70°C pour le SSD. Cependant celles de l'évaporateur diminuent avec l'utilisation de la pompe à chaleur (de l'ordre de 5°C) ce qui augmente la quantité d'eau récupérée.

La production d'un distillateur dépend étroitement de la quantité de chaleur qu'il reçoit, et dépend du gradient de température qui existe entre la température de l'eau à l'intérieur du bassin et la couverture transparente. La quantité d'eau récupérée avec SSDHP est plus importante que celle de SSD. L'effet de la double couverture de vitre et de l'orientation pour un SSD a pour effet d'augmenter la production et peut atteindre une valeur de 350ml.m^{-2}.h^{-1} pour la configuration (100) à titre d'exemple, ce même paramètre a pour effet de diminuer la quantité d'eau récupéré pour les configurations sans pompe à chaleur. L'orientation a pour effet d'augmenter la productivité de l'eau pour les deux configurations. On a constaté qu'après distillation l'eau récupérée est à la norme des eaux potables.

Chapitre 4

Analyse des résultats

La résolution des systèmes d'équations établie après avoir écrit les organigrammes est abordée par des programmes MATLAB. Les résultats obtenus relatifs aux températures aux niveaux du bassin de l'eau du vitrage et de l'évaporateur ainsi que le débit d'eau seront présentés et comparés à ceux expérimentaux. Les résultats obtenus permettent de calculer les coefficients d'échanges (convectif et évaporatif), les efficacités et le COP pour les différentes configurations.

Ce chapitre est achevé par une étude comparative des masses d'eau récupérées et celles calculées par les corrélations de Dunkle, de Kumar et Tiwari et le modèle de nombre de Lewis.

4.1 Résultats des simulations

4.1.1 Simulation du flux solaire

Le flux solaire a été simulé par le modèle d'Eufrat (Annexe B) du fait que ce dernier est celui qui convient le mieux pour traduire le flux solaire pour la ville de **Gabes [63]**

La figure 4.1 montre que les flux solaires simulés et expérimental augmentent progressivement au début de la journée, atteint son maximum entre 12TSV et 14TSV et diminue progressivement jusqu'à s'annuler à la tombée de la nuit. La figure montre aussi que la concordance entre l'éclairement global mesuré et calculé est acceptable.

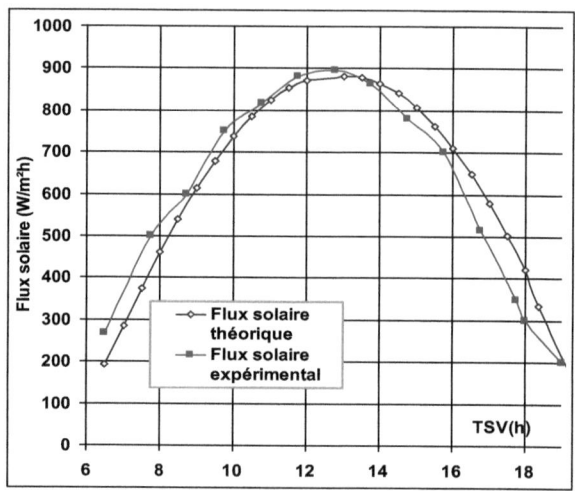

Figure 4.1 : Simulation du flux solaire

4.1.2 Simulation des températures

La résolution du système différentiel nous a permis de déterminer les températures dans différentes positions des distillateurs ceci pour les configurations étudiées. Les résultats des simulations sont portées sur les figures 4.2 et 4.3.

Les configurations (000) et (100) ont montré que les températures simulées suivent un profil parabolique semblable à celui de l'expérience et à celui de flux solaire (figure 4.2) c'est-à-dire la forme d'une cloche.

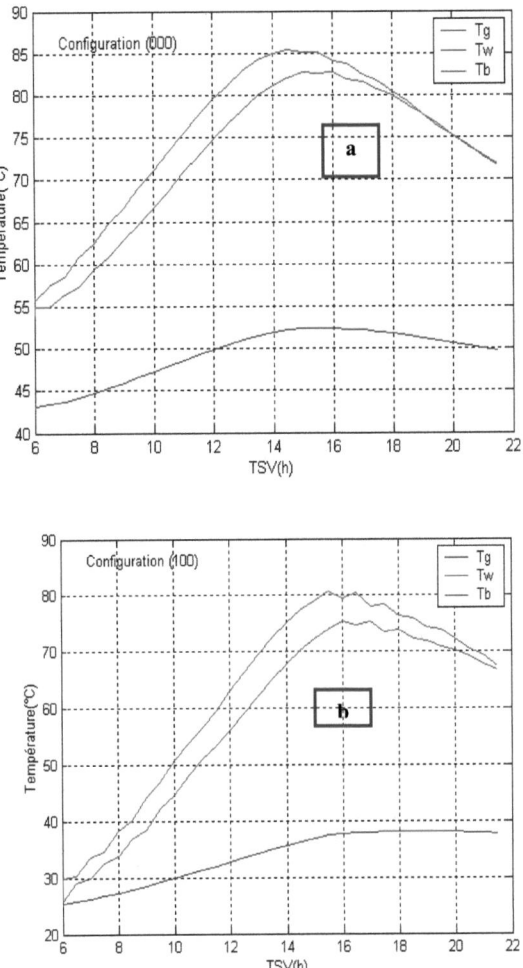

Figure 4.2 (a, b): Variation des différentes températures théoriques pour les configurations (000) et (100) en fonction du temps.

Les températures suivent les mêmes évolutions pour les configurations avec PAC (111) et (001) comme il est montré sur la figure (4.3).

Il est observé dans les différentes configurations que les températures *(Te)* au niveau de l'évaporateur prennent une allure croissante. Ceci est expliqué par le faite que l'effet de l'évaporateur importe sur l'effet du flux solaire à la fin de la journée.

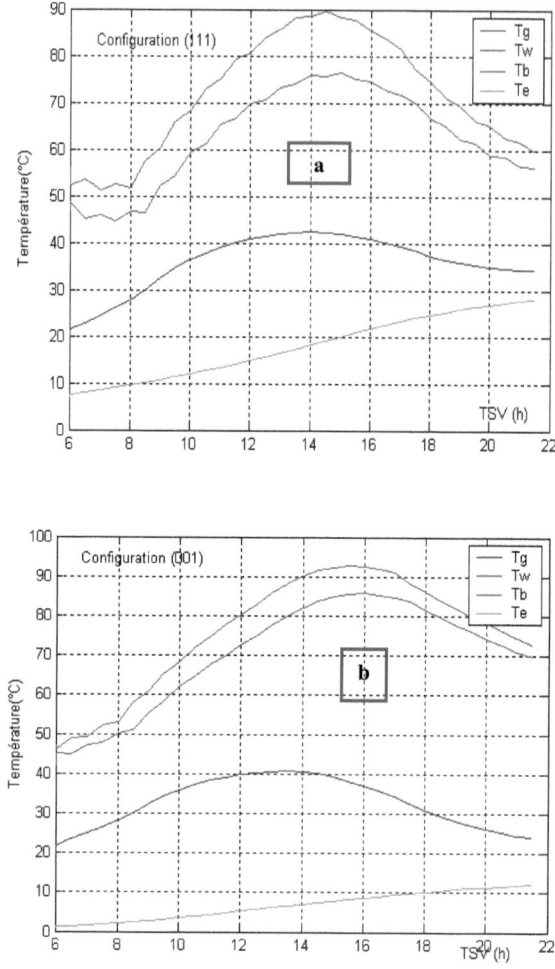

Figure 4.3 (a, b) : Variation des différentes températures théoriques pour la configuration (111) et (001) en fonction du temps

Les températures théoriques ont été comparées à celles expérimentales. A raison d'encombrement des résultats théoriques et expérimentaux, on porte sur la figure 4.4 un exemple d'évolutions des températures (T_b) et (T_w) dans la configuration (111) et (T_b) et

(T_g) dans la configuration (000) [57]. Cette figure montre une bonne concordance entre les températures simulées et expérimentales comme il est le cas des températures (T_b) et (T_w) dans la configuration (111). Cependant un écart entre les températures est observé pour la configuration (000). Cet écart peut être justifié par le faite que la puissance absorbée par le fond du distillateur n'est pas totalement transmise vers le film liquide comme il est supposé dans le modèle. D'autre part, on a supposé que la perte de chaleur par appoint d'eau est négligeable, en plus l'évaporation se fait d'une manière continue, de même la vitesse du vent est constante. Ces hypothèses ne sont pas toujours remplies. [58]

En résumé et malgré l'écart détecté entre les deux résultats qui est causé essentiellement par quelque hypothèse qui ne sont pas totalement remplis lors de l'expérimentation, on peut dire que nos résultats théoriques décrivent bien ceux de l'expérience.

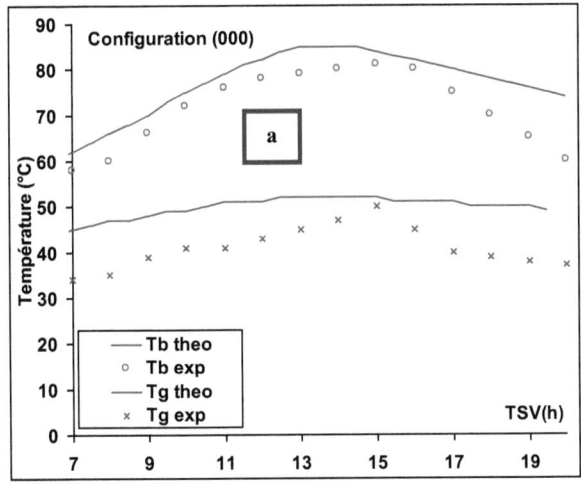

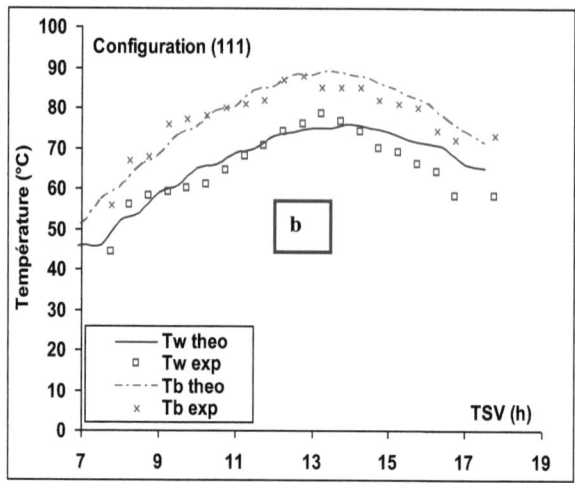

Figure 4.4 (a, b) : Comparaison des températures théorique et expérimentale (T_b) et (T_g.) configuration (000) et configuration (111) (T_b) et (T_w)

4.1.3 Simulation des débits récupérés

En plus de la température le débit d'eau récupérée a été simulé. La figure 4.5 et 4.6 illustrent l'évolution des débits récupérés instantané respectivement sans et avec PAC.

La production du distillateur augmente en fonction de l'horaire jusqu'à une valeur maximale vers 14 heures, ensuite elle diminue en fonction de l'horaire, car en effet, l'intensité du flux solaire évolue de la même manière et elle est maximale vers 13 heures. La production est d'autant plus élevée que l'irradiation reçue est plus importante. L'augmentation de la production est d'autant assurée par la croissance de la température de l'eau et de l'absorbeur et la diminution de la température extérieure du vitrage et du condenseur. Un débit de l'ordre de 0.35 $l.m^{-2}h^{-1}$ de distillat a été obtenu à midi solaire vrai pour les configurations sans pompe à chaleur (figure 4.5). Ce débit atteint des valeurs de l'ordre 1.7 $l.m^{-2}h^{-1}$ à midi solaire vraie pour la configuration avec pompe à chaleur en effet l'addition d'une pompe à chaleur augmente d'une part l'évaporation au niveau du bassin sous l'effet de la chaleur évacuer par le condenseur et d'autre part l'évaporateur aide à la condensation de la vapeur.

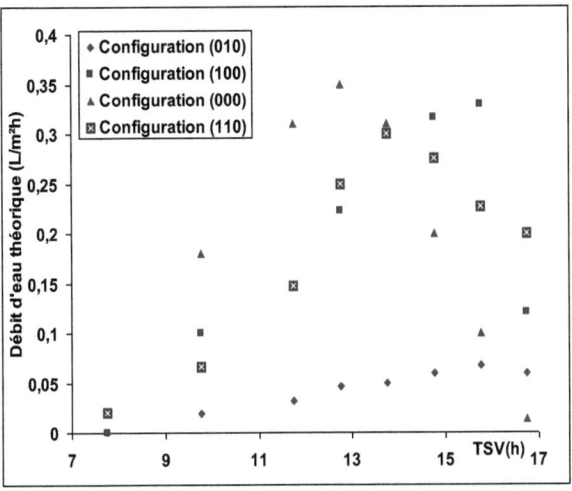

Figure 4.5 : Débits d'eau théorique pour les différentes configurations sans PAC

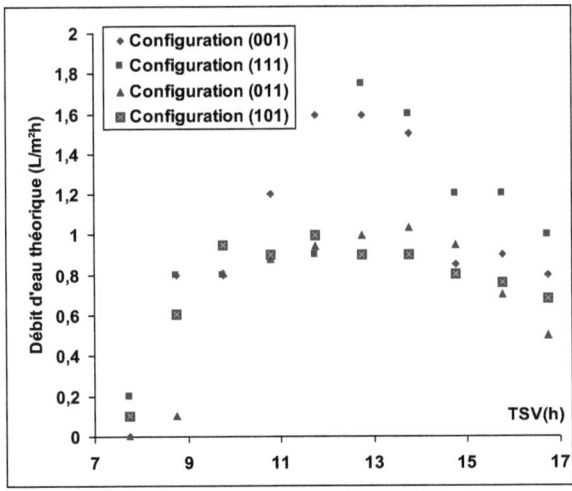

Figure 4.6 : Débits d'eau théorique pour les différentes configurations avec PAC

En ce qui concerne la comparaison des productivités cumulées P_{cu} expérimentale et théorique (figures 4.7 et 4.8) en fonction du temps pour les configurations étudiées.

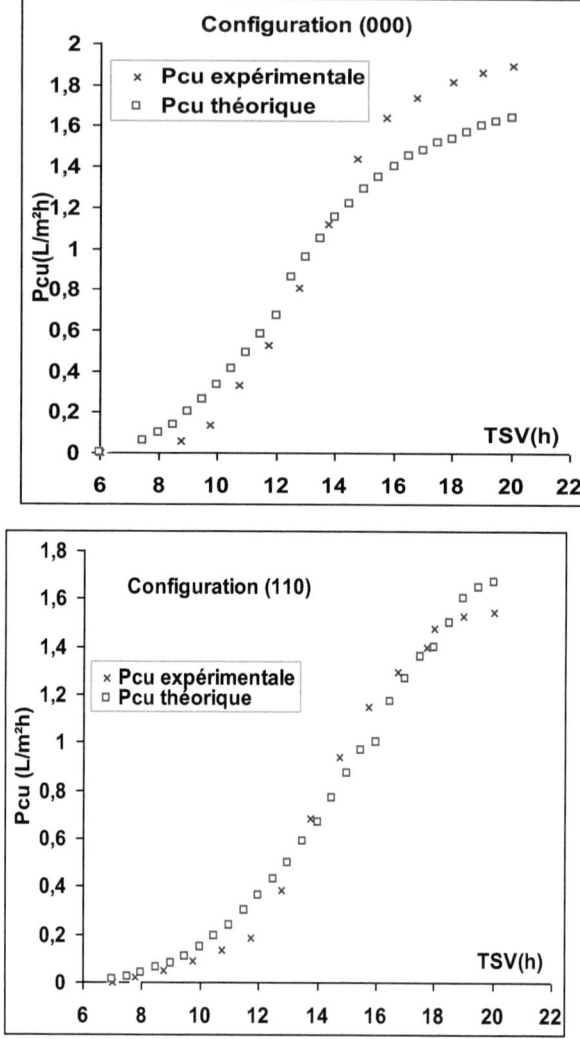

Figure 4.7 : Variation de la productivité cumulée (Pcu) en fonction du temps. Configurations (000) et (110)

On a constaté que pour les deux les configurations (000) et (001) ils ont les mêmes allures avec un saut plus clair entre 10 TSV et 16 TSV. Cette différence peut être expliquée par la variation de la vitesse du vent qui est supposé constante tout le long de notre travail [60]. En effet les résultats simulés coïncident bien avec ceux expérimentaux jusqu'à 14 TSV pour toutes les configurations avec et sans PAC.

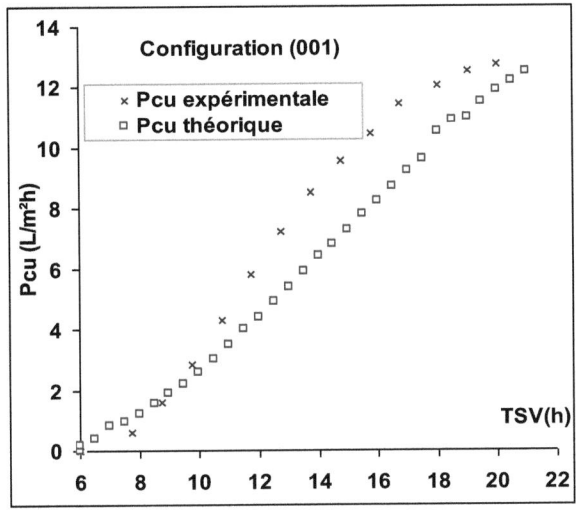

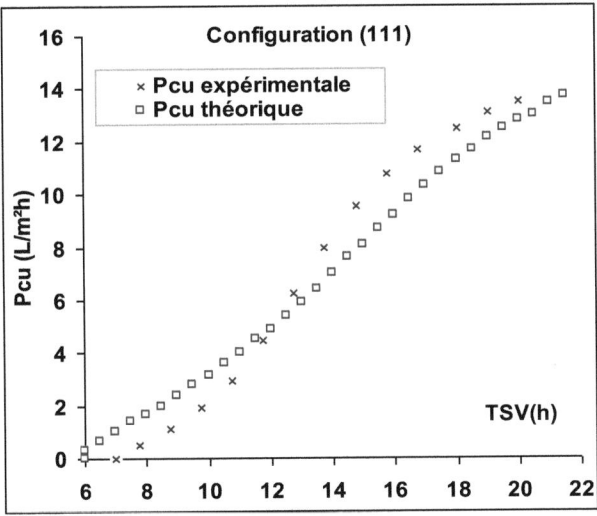

Figure 4.8 : Variation de la productivité cumulée (Pcu) e fonction du temps. Configurations (001) et (111)

4.2 Variation de l'efficacité globale et interne dans SSD et SSDHP

L'efficacité instantanée étant le rapport entre puissance utile traduite en termes de quantité d'énergie fournie lors de l'évaporation de la masse d'eau sur la puissance consommée décrite par le flux solaire incident. L'efficacité donne une idée sur le rendement de notre distillateur [58].

La variation instantanée des efficacités globale et interne expérimentales est illustrée sur les figure 4.9 et 4.10 respectivement pour les configurations (000) et (111). Comme le montrent ces figures, les deux efficacités évoluent de la même manière. Elles atteignent le maximum à 13TSV puis diminuent jusqu'à la fin de la journée. On remarque aussi que les efficacités atteints leurs valeurs maximales à la même période de la journée, cela est expliqué par la dépendance des efficacités au flux solaire [64]. Les valeurs maximales de l'efficacité interne sont respectivement 0.35 et 0.6 pour les configurations (000) et (111). Nous pouvons également remarquer que l'efficacité globale et interne du distillateur SSDHP est nettement supérieure à celle du distillateur SSD qui du fait de sa plus grande inertie thermique suit moins rapidement les variations de l'énergie solaire incidente.

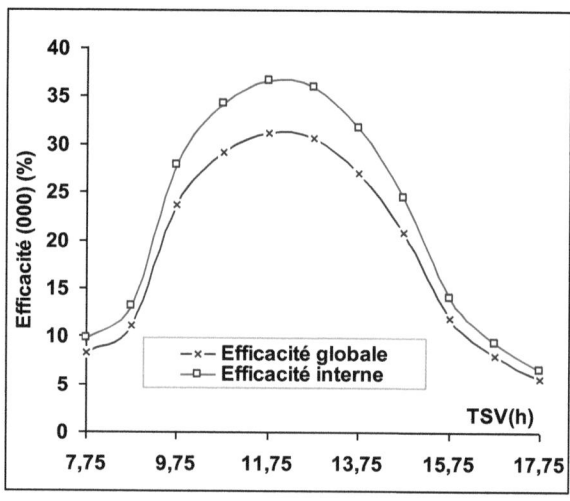

Figure 4.9: Variation de l'efficacité globale et interne en fonction du temps. Configuration (000)

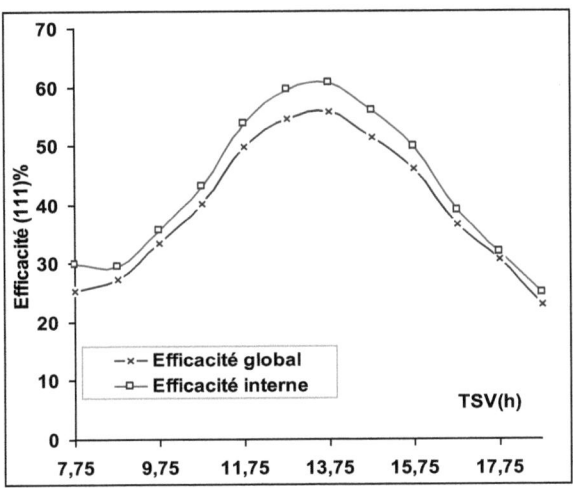

Figure 4.10: Variation de l'efficacité globale et interne en fonction du temps. Configuration (111)

L'efficacité interne simulée pour les configurations (000) et (111) est portée sur la figure 4.11, on remarque que les efficacités présentent les mêmes allures que celles expérimentales. De même ces efficacités attentent des valeurs maximales très proches des efficacités expérimentales [59] [62].

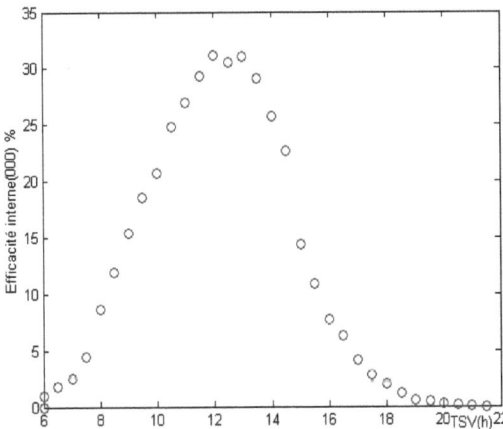

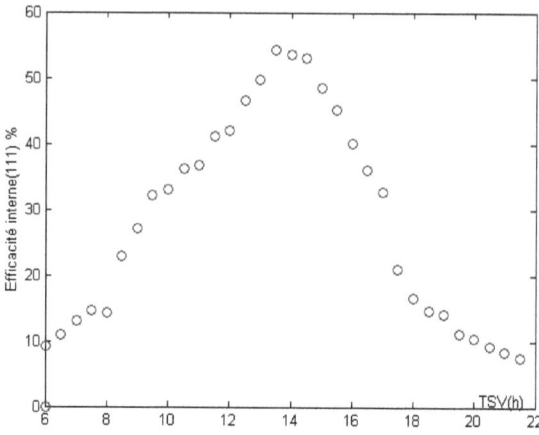

Figure 4.11 : Variation de l'efficacité interne théorique. Configurations (000) et (111)

Pour obtenir une meilleure efficacité, on a introduit une pompe à chaleur qui a pour effet d'augmenter la différence de température entre les surfaces d'évaporation et de condensation et d'élever la température de la saumure.

Cependant les valeurs de l'efficacité internes sont plus élevées que celles de l'efficacité globale. Elles atteignent 60% à midi solaire vrai, l'efficacité interne sera par conséquent plus élevée. Cette différence est expliquée par le faite que l'efficacité globale est le rapport de la quantité de chaleur utilisée pour l'évaporation et du flux de rayonnement global incident sur la vitre du distillateur. Cependant l'efficacité interne représente le rapport de la quantité de chaleur utilisée pour l'évaporation et la quantité de chaleur effectivement reçue par la masse d'eau.

4.3 Détermination des cœfficients de transfert convectif et évaporatif

La convection libre de l'air humide se fait entre la surface de l'eau et la couverture en verre. Quand on commence à imposer un gradient thermique entre les surfaces de la couche, un gradient de la masse volumique s'installe. Expérimentalement, on observe qu'au bout d'un certain temps, le fluide se met en mouvement spontanément : c'est le démarrage de la convection.

Dans le cas du transfert thermique par convection libre le nombre de Nusselt est lié aux nombres de Grasoff Gr et de Prandtl Pr équation (2.2).

Les cœfficients de transfert convectives et évaporatives sont déterminées par les équations (2.25a et 2.25b) des modèles Kumar et Tiwari. A partir de ces équations on a évalué les valeurs de x et y pour différents intervalles de temps. La constante "c" et l'exposant "n" sont obtenus respectivement à partir du système d'équations (2.26a) et (2.26b) leurs valeurs sont données dans le tableau (4.1) Ces constantes seront employées pour évaluer les coefficients de transfert par convection et par évaporation [64].

Table 4.1: Valeurs de c, n pour les configurations (000), (110), (001) et (111)

Valeurs obtenues	(000)	(110)	(001)	(111)
c	0.25	0.15	0.1	0.125
n	0.26	0.19	0.95	0.5

L'évolution instantanée des cœfficients de transfert thermique convectif, pour les modèles SSD et SSDHP est illustrée sur la figure 4.12. On montre que le coefficient de transfert convectif h_{cw} croit au cours du temps quand le système est couplé avec pompe à chaleur, il atteint une valeur maximale égale à 2.5 $Wm^{-2}°C^{-1}$ pour la configuration (111). Pour la configuration (001), la valeur maximale de h_{cw} est plus faible que celle pour la configuration (111), il est de 2 $Wm^{-2}°C^{-1}$. On peut remarquer aussi que le coefficient de transfert thermique convectif est plus grand pour la configuration (111) que (001). La configuration (000) admet de faibles valeurs pour le coefficient de transfert convectif, la valeur maximale est égale à 0.42$Wm^{-2}°C^{-1}$. On constate également que la variation du coefficient thermique convectif h_{cw} est quasi linéaire pour toutes les configurations [65].

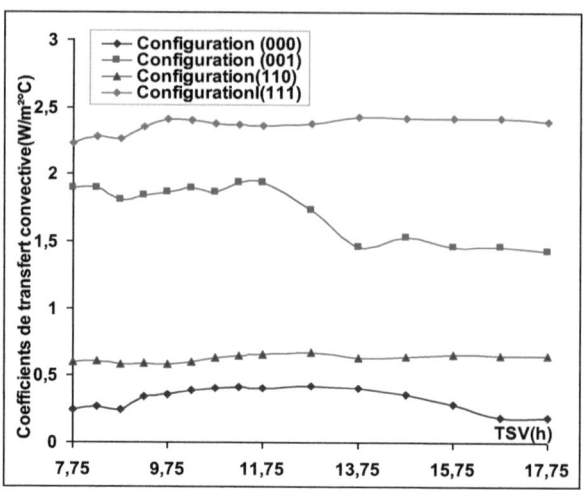

Figure 4.12: Variation du coefficient de transfert convectif en fonction du temps. Configurations (000), (110), (001) et (111)

La figure 4.13 illustre les variations de coefficient de transfert thermique évaporatif pour les deux modèles.

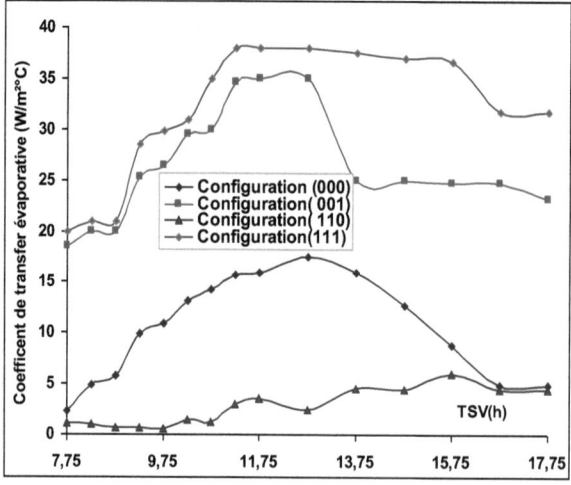

Figure 4.13: Variation du coefficient de transfert évaporatif en fonction du temps. Configurations (000), (110), (001) et (111)

Ces variations sont plus significatives dans le cas SSDHP que celles du modèle SSD. La valeur maximale obtenue pour la configuration (111) et est égal à 40 $Wm^{-2}°C^{-1}$, cette valeur est de 35Wm^{-2}°C^{-1} pour la configuration (001), à 12 TSV. Une réduction est observée pour ces configurations à la fin de la journée. Les deux configurations sans PAC admettent des valeurs assez faibles (<15 W.m-^{2}°C^{-1}) en le comparant avec celles de (111) et (001)

Afin de produire des résultats comparatifs en termes de coefficients de transfert convectif et évaporatif, plusieurs travaux dans la littérature sont fournis, parmi ces modèles celui de Dunkle [22]. Par conséquent, il est intéressant d'examiner ce modèle au moins pour les conditions ne faisant pas partie de ses limitations tel que le cœfficient c = 0.075 et n =1/3.

L'analyse de Ramachandra et Shruti [63] prédit le besoin d'évaluation de transfert de masse convectif pour chaque type de distillateur solaire et la prévention de leurs exécutions dans les conditions réelles de leur utilisation. Les valeurs de c et n diffèrent pour des gammes de températures différentes, de couverture de condensation et de températures de fonctionnement.

Les valeurs de c et n pour les différentes inclinaisons de la couverture de condensation pour le distillateur solaire simple dans la condition climatique d'été de New Delhi sont indiquées dans le tableau 3.4.

Table 4.2: Valeurs de c, n et du coefficient de transfert obtenu pour différentes inclinaisons de la couverture [55]

Valeurs obtenues	15°	30°	45°
c	1.418	2.536	0.968
n	0.148	0.158	0.209
Valeur h_{cw} (W/m^2°C)	1.67	2.44	2.01
Valeur h_{ew} (W/m^2°C)	13.36	16.93	12.84

Ce tableau montre une variation importante des valeurs de c et n avec l'inclinaison.

La figure 4.14 montre une différence significative entre les valeurs du cœfficient de transfert convective calculée à partir des résultats expérimentaux qui tiennent compte de la variation des valeurs c et n et celles déterminées par le modèle de Dunkle avec c et n fixe.

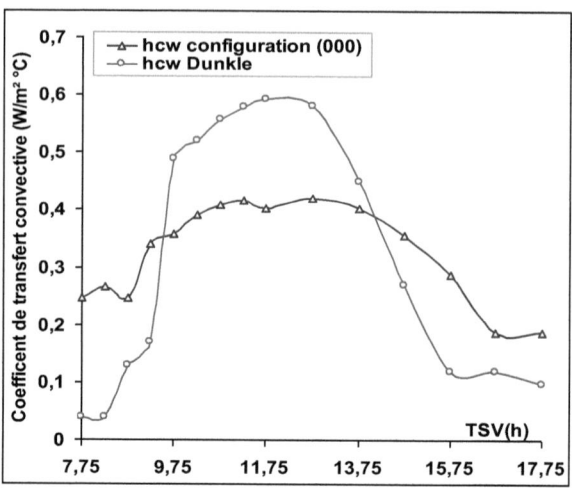

Figure 4.14: Variation du coefficient de transfert convectif en fonction du temps. Configurations (000) et celui du Dunkle

4.4 Coefficient de performance (COP)

On consomme de l'électricité pour le fonctionnement du compresseur et de certaines autres composantes comme les pompes ou les ventilateurs leurs efficacités sont quantifiées par le Coefficient of Performance " COP " qui est défini comme suit:

$$COP = \frac{Energie\ recherchée}{Energie\ payée}$$

On calcule le cœfficient de performance de la partie frigorifique noté COP_{FRIG} et celui de la pompe à chaleur noté COP_{PAC} **[17-19]**, dont la différence est égale à l'unité. L'expression du COP_{PAC} et celle du COP_{FRIG} sont exprimées par les équations suivantes :

$$COP_{PAC} = \frac{T_{cond}}{T_{cond} - T_{evap}} \qquad (3.1)$$

$$COP_{FRIG} = \frac{T_{evap}}{T_{cond} - T_{evap}} \qquad (3.2)$$

Ces coefficients sont évalués en fonction du temps pour les deux configurations (111) et (011) par les figures (4.15 et 4.16).

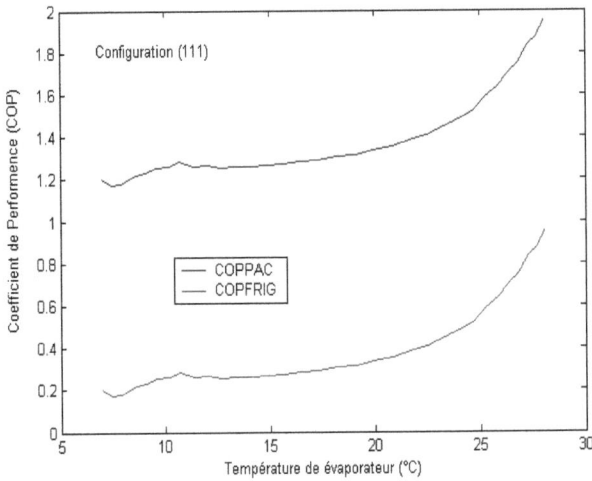

Figure 4.15: Variation du coefficient de performance en fonction du temps. Configuration (111)

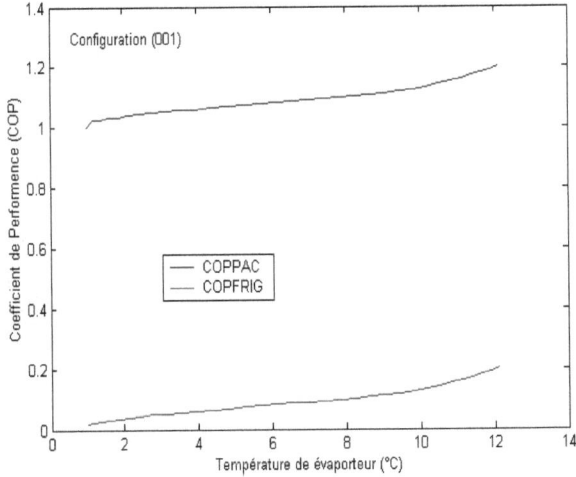

Figure 4.16: Variation du coefficient de performance en fonction du temps. Configuration (011)

Il est clair que le COP$_{PAC}$ est plus élevé par rapport au COP$_{FRIG}$. Le COP$_{PAC}$ atteint la valeur de 2 pour la configuration (111), il est de l'ordre 1.2 pour la configuration (011).

4.5 Etude comparative

Les résultats expérimentaux relatifs aux débits de distillat sont comparés à ceux obtenus par les modèles du nombre de Lewis [26] [66], de Dunkle [22] et la corrélation de Kumar et Tiwari [25]. Les tableaux 4.3, 4.4, 4.5 et 4.6 illustrent ces résultats pour deux configurations de SSD et deux configurations de SSDHP.

Le tableau 4.3 montre que pour la configuration (000), c'est le modèle de Lewis qui traduit nos résultats expérimentaux les valeurs trouvées sont de l'ordre de 300 g.m^{-2}h^{-1}. Pour les deux autres modèles, les valeurs obtenues sont plus faibles. La corrélation de Dunkle donne une valeur maximale qui ne dépasse pas 67 g.m^{-2} h^{-1}, cette valeur est de 116 g.m^{-2} h^{-1} pour la corrélation Kumar et Tiwari.

Tableau 4.3: Comparaison entre les débits d'eau récupérés et calculés pour les trois modèles. Configuration (000)

Configuration (000)			
Débits d'eau récupérée (g.m^{-2}.h^{-1})	Débits calculés m$_{cal}$(g.m^{-2}.h^{-1})		
	Modèle du nombre de Lewis	Modèle de Dunkle	Modèle de Kumar Tiwari
25	29.5	8.5	45
30	38	11	41
50	152	37	91
280	251	58	116.5
277	256.4	67.5	104
275	301.5	64	113
280	256.4	58	104
200	165	51	83
100	76.5	50	54
75	75	49	20.5

Le tableau 4.4 qui illustre l'analyse du model (110) montre que les débits calculés par les corrélations de Dunkle et de Kumar et Tiwari sont plus forts à ceux expérimentaux $m_e < 200$ g.m^{-2} h^{-1}. Les débits des corrélations de modèles du Dunkle, Kumar et Tiwari ne sont pas comparables avec celui du modèle SSD. La corrélation de Lewis est bon accord avec les résultats expérimentaux.

Les tableaux 4.5 et 4.6 illustrent les résultants du modèle SSDHP. La corrélation de Dunkle donne une valeur qui ne dépasse pas 429 g.m^{-2} h^{-1} comme valeur maximale pour la configuration (001), celle de Kumar et Tiwari donne des valeurs de débit maximum de l'ordre de 790 g.m^{-2} h^{-1}, alors que celles de l'expérience est de l'ordre 1450 g.m^{-2} h^{-1} valeur, proche de celle de Lewis qui est égale à 1400 g.m^{-2} h^{-1}.

Le modèle de Lewis est en bon accord avec celui de l'expérience pour la configuration (111). Le débit expérimental est de l'ordre 1750 g.m^{-2} h^{-1} alors avec le modèle du nombre de Lewis il est de l'ordre 1600 g.m^{-2} h^{-1}. Les modèles de Kumar et Tiwari et de Dunkle ne sont pas en accord avec nos résultats expérimentaux.

Tableau 4.4: Comparaison entre les débits d'eau récupérés et calculés pour les trois modèles. Configuration (110)

Débits D'eau récupérée (g.m^{-2}.h^{-1})	Configuration (110)		
	Débits calculés m_{cal} (g.m^{-2}.h^{-1})		
	Modèle au nombre de Lewis	Modèle de Dunkle	Modèle de Kumar Tiwari
20	19	22	23
25	14	9.5	10
25	17	10	10
25	25	50	46
50	50	186	170
50	50	137	123
200	120	302	267
300	300	265	235
275	131.5	370	324.5
250	114.08	363.23	329
275	275.96	110	330

Tableau 4.5: Comparaison entre les débits d'eau récupérée et calculés pour les trois modèles. Configuration (001)

Configuration (001)			
Débits d'eau récupérée ($g.m^{-2}.h^{-1}$)	Débits calculés m_{cal} ($g.m^{-2}.h^{-1}$)		
	Modèle du nombre de Lewis	Modèle de Dunkle	Modèle de Kumar Tiwari
270	270	50.5	696
382	382.5	81	679
1250	1220.5	125	721
1450	1400	142	786.5
1300	125	239.5	786.5
1425	937	239.5	770
1225	1028	173	792
850	503	429	631
737	429	161	589

Tableau 4.6: Comparaison entre les débits d'eau récupéré et calculés pour les trois modèles. Configuration (111)

Configuration (111)			
Débits d'eau récupérée ($g.m^{-2}.h^{-1}$)	Débits calculés m_{cal} ($g.m^{-2}.h^{-1}$)		
	Modèle au nombre de Lewis	Modèle de Dunkle	Modèle de Kumar Tiwari
1200	1196	844	609
1275	1260	870.5	521.5
850	775	668	492
850	558	748	436
750	509	603	435
1750	1690	593	454
1550	1500	659	520
1225	829.5	659	520
1025	829.5	746.5	520
950	829.5	907	520

Afin de produire une meilleure comparaison entre les résultats expérimentaux et théoriques, le tableau 4.7 illustre l'analyse statistique en termes de déviation moyenne et coefficient de corrélation linéaire **(voir Annexe IV)**. Les valeurs calculées de la racine carrée de la déviation moyenne ou de l'erreur (e) indiquent la quantité de l'eau produite. Ainsi, la valeur plus élevée de (e) correspond à la valeur plus basse du rendement de distillat.

Tableau 4.7: Résultats statistiques pour les différentes corrélations

Configuration	(000)	(001)	(110)	(111)
Erreur (e) (%)	$e_{Lewis} = 3$ $e_{Dunkle} = 22$ $e_{Kum\text{-}Tiwari} = 5$	$e_{Lewis} = 3.7$ $e_{Dunkle} = 51$ $e_{Kum\text{-}Tiwari} = 43$	$e_{Lewis} = 8.2$ $e_{Dunkle} = 16$ $e_{Kum\text{-}Tiwari} = 12$	$e_{Lewis} = 2$ $e_{Dunkle} = 54$ $e_{Kum\text{-}Tiwari} = 43$
Coefficient de corrélation linéaire (r)	$r_{Lewis} = 0.88$ $r_{Dunkle} = 0.88$ $r_{Kum\text{-}Tiwari} = 0.53$	$r_{Lewis} = 0.86$ $r_{Dunkle} = 0.45$ $r_{Kum\text{-}Tiwari} = 0.85$	$r_{Lewis} = 0.80$ $r_{Dunkle} = 0.61$ $r_{Kum\text{-}Tiwari} = 0.83$	$r_{Lewis} = 0.9$ $r_{Dunkle} = 0.47$ $r_{Kum\text{-}Tiwari} = 0.42$
Coefficient de determination R^2	$R^2_{Lewis} = 0.77$ $R^2_{Dunkel} = 0.77$ $R^2_{Kum\text{-}Tiwari} = 0.28$	$R^2_{Lewis} = 0.73$ $R^2_{Dunkle} = 0.20$ $R^2_{Kum\text{-}Tiwari} = 0.72$	$R^2_{Lewis} = 0.64$ $R^2_{Dunkle} = 0.37$ $R^2_{Kum\text{-}Tiwari} = 0.68$	$R^2_{Lewis} = 0.81$ $R^2_{Dunkle} = 0.22$ $R^2_{Kum\text{-}Tiwari} = 0.17$

Le coefficient de corrélation linéaire (r) confirme bien que le modèle de nombre de Lewis est en accord avec les résultats expérimentaux pour les distillateurs simple et hybride. Pour la configuration (111) r = 0.9 et R^2 = 0,81.

Les valeurs de r varient entre 0.4 et 0.9 où le meilleur coefficient de corrélation (r = 0.9) est obtenu pour le distillateur solaire hybride avec la configuration (111). Les valeurs de R^2 varient entre 0.20 et 0.81 où le meilleur coefficient de régression est (R^2 = 0.81) obtenue pour le distillateur solaire hybride avec la configuration (111).

4.6 Conclusion

L'outil choisit pour la résolution numérique est la méthode de Range- Kutta, bien adaptée à ce genre de problème. La validité de notre travail a été appréciée en comparant les résultats expérimentaux avec ceux donnés par la simulation numérique. A travers les résultats obtenus, on a constaté une forte concordance entre les résultats de la simulation numérique et ceux de l'expérience. Les faibles écarts des températures sont dus probablement d'une part à la précision de la mesure et d'autre part aux hypothèses utilisées dans la simulation numérique.

Les résultats de la productivité cumulée prédits bien l'expérience, il atteint 2 $l.m^{-2}h^{-1}$ pour les configurations (000) et (110). Alors que la productivité cumulée pour les configurations (111) et (001) est de l'ordre de 14 $l.m^{-2}h^{-1}$

Les coefficients de transfert convectif et évaporaratif sont plus élevés avec la configuration SSDHP que celui de la configuration SSD. Ces deux coefficients dépendent notamment des variables C et n pour chaque type de configurations. Pour des températures de l'eau qui ne dépasse pas 50°C, Dunkle a pris les valeurs c = 0.075 et n =1/3.

Le rendement des différentes configurations est validé en utilisant trois corrélations (Dunkle, ' Kumar et Tiwari ' et le nombre de Lewis). Les résultats montrent que la corrélation du nombre de Lewis est en accord avec le débit expérimental obtenu pour le SSD et SSDHP. Les valeurs des cœfficients de la corrélation linéaire r varient entre 0.4 et 0.9 où le meilleur coefficient est (r = 0.9) obtenu pour le distillateur solaire hybride avec la configuration (111). Les valeurs de coefficient de régression R^2 s'étendent entre 0.20 et 0.81 où le meilleur coefficient (R^2 = 0.81) est obtenu pour le distillateur solaire hybride pour la configuration (111).

Conclusion générale et perspectives

Le but de ce travail est de réaliser expérimentalement deux distillateurs solaires: un distillateur solaire simple (SSD) et un autre couplé avec une pompe à chaleur (SSDHP). Leur conception est basée à la fois sur l'utilisation de l'effet de serre et d'une pompe à chaleur PAC à compression. La fabrication est locale. Le premier type s'agit d'un distillateur simple à effet de serre dans lequel l'eau s'évapore par l'énergie solaire alors que la condensation se fait sous la vitre. Dans le deuxième type (SSDHP), la pompe à chaleur est doublement utilisée. D'une part, le condenseur contribue au chauffage de l'eau et par suite à son évaporation. D'autre part, l'évaporateur permet de réduire la température du bassin et améliore la condensation de la vapeur d'eau produite.

Lors de cette étude, huit configurations ont été testées selon l'utilisation ou non de la PAC, d'une orientation fixe ou mobile du distillateur et en utilisant un simple ou double vitrage. Le distillateur solaire à effet de serre classique a été pris comme référence pour montrer les performances du distillateur solaire couplé à une pompe à chaleur.

Les résultats ont montré d'abord que le coefficient de transfert convectif h_{cw} augmente quand le système est couplé avec une pompe à chaleur. Ce coefficient atteint des valeurs maximales de 2.5$Wm^{-2}°C^{-1}$, 2$Wm^{-2}°C^{-1}$ et 0.42$Wm^{-2}°C^{-1}$ respectivement pour les configurations (111), (001) et (000). La variation du coefficient d'échange thermique convectif h_{cw} est quasi linéaire pour les deux modèles. Le coefficient de transfert évaporatif obtenu varie entre 43 $Wm^{-2}°C^{-1}$ et 35.5 $Wm^{-2}°C^{-1}$ respectivement pour les configurations (001) et (111).

L'utilisation de la double couverture induit une diminution du gradient de la température entre l'intérieur et l'extérieur de la couverture. Cela a pour effet une amélioration du transfert thermique entre la surface de bassin et l'eau.

L'efficacité globale est nettement inférieure à celle interne. Elle augmente pour atteindre une valeur maximale à 13 TSV puis décroît jusqu'à la fin de la journée. Cette efficacité est de l'ordre de 0.6 pour le modèle SSDHP, elle est de 0.3 pour le modèle SSD.

Les températures ont été mesurées au niveau du bassin, de l'eau et de la vitre pour les différentes configurations du modèle SSD et DDSHP. De plus, la température de l'évaporateur a été mesurée pour ce dernier. Pour ces différentes configurations, la température prend la même allure que celui de flux solaire. Les valeurs des températures du bassin et de l'eau sont proches. Elles sont respectivement de l'ordre de 70 et 80°C. Ces températures augmentent lors de l'utilisation de la pompe de chaleur à cause de l'effet de condenseur. La température de l'eau atteint 87°C alors qu'elle est de 92°C au niveau du bassin.

La condensation de la vapeur se produit au niveau du vitrage, du fait que la température de la vitre est plus faible, sa valeur est l'ordre de 40°C pour le modèle SSD. Cette condensation est plus importante lors de l'utilisation d'une pompe à chaleur surtout au niveau de l'évaporateur dont la température est au voisinage de 10°C.

En plus de la température, la quantité d'eau récupérée a été mesurée pour les différentes configurations. Les mesures ont montrés que la productivité croit avec l'utilisation d'une pompe à chaleur, aussi avec la variation de l'orientation. Cependant la productivité décroit lors de l'utilisation du double vitrage pour le modèle SSD. La valeur maximale de la productivité varie de 0.35 $l.m^{-2}h^{-1}$ à 1.8 $l.m^{-2}h^{-1}$ suivant les configurations. La productivité cumulée est aussi déterminée. Sa valeur maximale est de 1.8 $l.m^{-2}h^{-1}$ pour la configuration (000). Cette valeur augmente pour atteindre 14 $l.m^{-2}h^{-1}$ pour la configuration (111).

L'étude théorique réalisée nous a permis de calculer les différentes températures ainsi que la masse récupérée. Les températures simulées comme celles expérimentales présentent la même allure que le flux solaire. La comparaison entre les résultats simulés et théoriques montre d'une part, que les températures simulées décrivent bien celles théoriques dans la majorité des configurations. D'autre part la productivité cumulée simulée coïncide bien celles expérimentales jusqu'à 14H TSV. Un écart entre les deux productivités est détecté à la fin de la journée.

Les résultats expérimentaux des débits d'eau récupérée ont été comparés avec ceux calculés par les corrélations du nombre de Lewis, de Dunkle et de Kumar et Tiwari. Pour toutes les configurations on a montré que la corrélation de Lewis prédit bien les résultats de ce travail.

Comme perspective de ce travail, il semble intéressant d'entendre pour :
- Une étude tenant compte des caractéristiques physico-chimiques de l'eau d'appoint (son degré de salinité, sa température, son pH .etc) afin de pouvoir vérifier son influence sur le rendement du distillateur solaire.

- La forme géométrique du distillateur solaire, la face transparente doit être importante pour capter le maximum de l'irradiation solaire (par exemple distillateur solaire à double bassin à un absorbant)
- Stockage de l'énergie pour la production d'eau dans la période nocturne pour un SSD.

Références Bibliographiques

[1] S. Asechko, Z. D. Sharp, J.J. Gibson, S. J. Birks, Y. Yi ,P. J. Fawcett. "Terrestrial water fluxes dominated by transpiration" Nature 496; 347–350(2013)

[2] R. Tripathi, G. N. Tiwari. "Performance evaluation of a solar still by using the concept of solar fractionation ". Desalination169; 69- 80 (2004)

[3] B. Kettab. "Les ressources en eau en Algérie: stratégies, enjeux et vision". Desalination136; 25-33(2001)

[4] A. Maurel. "Dessalement de l'eau de mer et des Eaux saumâtres". Edition technique et documentation. Paris (2001)

[5] S. A. Said, M. Emtir, I.M. Mujtaba. "Flexible design and operation of multi-stage flash (MSF) desalination process subject to variable fouling and variable freshwater demand". Processes1; 279-295 (2013)

[6] A. Maurel. "Desalination of sea water and brackish water, Saint Paul Lez Durance". CEA, 14 (1990)

[7] R. Bernard, G. Merguy, M. Schwartz. "Le rayonnement solaire: conversion thermique et application". 2e édition technique et documentation (1980)

[8] Association des retraités du groupe CEA, groupe argumentaire sur le nucléaire, "Dessalement et réacteurs nucléaires", Fiche N°32, 1-4, Février (2008)

[9] M.H. Khoshgoftar Manesh, H. Ghalami, M. Amidpour, M.H. Hamedi. "Optimal coupling of site utility steam network with MED-RO desalination through total site analysis and exergoeconomic optimization" Desalination 316; 42–52 (2013)

[10] J. Shen, Z. Xing, X. Wang, Z. He. "Analysis of a single-effect mechanical vapor compression desalination system using water injected twin screw compressors" Desalination 333; 146–153(2014)

[11] A. Khedim, K. Schwarzer, C. Faber, C. Müller. " Production décentralisé de l'eau potable à l'énergie solaire". Desalination168; 13-20 (2004)

[12] H. Ouahid." Etude de la performance d'un distillateur solaire par un système de préchauffage solaire de l'eau saumâtre". Mémoire de mastère (2010)

[13] A. Sadi. "Le dessalement solaire–considérations techniques". Revue Energie Renouvelable, Chemss, 91-97 (2000)

[14] A. F. Ghenciu. "Review of fuel processing catalysts for hydrogen production in pem fuel cell systems". Current Opinion in Solid. State and Materials. Science 6; 389-399 (2002)

[15] A. Lallemand. "Compression et détente des gaz et des vapeurs". Techniques de l'Ingénieur, traité génie énergétique, BE8013 (2003)

[16] H. S. Wang J. W. Rose "Heat transfer and pressure drop during laminar annular flow condensation in micro-channels". Thermal Energy Generation Transport Storage and Conversion 26; 247-265 (2013)

[17] T. Ismail. "Etude d'un distillateur solaire à cascade". Mémoire de magistère (2010)

[18] H. N. Panchale P.K. Sahah. "Modeling and verification of hemispherical solar still using ANSYS CFD". International journal of energy and environment 4; 427-440 (2013)

[19] N. B. Ahmed, A. Benmoussat3. "Experimental Study for the Performance of the Solar Distiller". Journal of Energy and Power Engineering 7; 2045-2053(2013)

[20] K R Ranjan, SC. Kaushik "Energy and exergy analysis of passive solar distillation systems". a review. Renewable Sustainable Energy Reviews27; 709-23(2013)

[21] D. Kumar, P. Himanshu, Z.Ahmad. "Performance Analysis of Single Slope Solar Still". International Journal of Emerging Technology and Advanced Engineering 3; 66-72(2013)

[22] R V. Dunkle. "Solar water distillation; the roof type still and a multiple effect diffusion still". International developments in heat transfer ASME. In: Proceedings of international heat transfer part V. University of Colorado; 895 (1961)

[23] J. Rheinlander. "Numerical calculation of heat and mass transfer in solar stills". Solar Energy 2; 173-179 (1982)

[24] PI. Cooper. "Solar distillation, solar energy progress in Australia and New Zealand". Publication of the Australian and New Zealand Section of Solar Energy 8; 45 (1969)

[25] A.K.Tiwari, R.P Chhabra. "Effect of orientation on the steady laminar free Convection heat transfer in power-law fluids from a heated triangular cylinder". Numerical Heat Transfer 65; 780-801(2014)

[26] A. Mehta, A. Vyas, N. Bodar, D. Lathiya." Design of solar distillation system". International Journal of Advanced Science and Technology 29; 67-74 (2011)

[27] W. K. Lewis. "The evaporation of a liquid into a gas". Transactions of the American Society of Mechanical Engineers 1849; 325–340 (1922)

[28] W. K. Lewis. "The evaporation of a liquid into a gas correction". Mechanical Engineer55; 567–573 (1933)

[29] J. Raikwar, M. Pandey, A. Gour. "Determination of total internal heat transfer coefficient of single slope solar still with different depth of water". International Journal of Emerging Technology and Advanced Engineering, 3; 174-181 (2013)

[30] D. Kumar, P. Himanshu, Z. Ahmad. "Performance Analysis of Single Slope Solar Still". International Journal of Emerging Technology and Advanced Engineering 3; 66-72 (2013)

[31] A. K. Tiwari, G. N. Tiwari. "Effect of the condensing covers slope on internal heat and mass transfer in distillation: an indoor simulation". Desalination180; 73-88 (2007)

[32] P. T. Tsilingiris. "Analysis of the heat and mass transfer processes in solar still-The validation of a model ". Solar Energy 83; 420-431 (2009)

[33] G.N. Tiwari, A. K. Tiwari. "Solar distillation practice for water desalination systems". Anamaya Publication, New Delhi (2008)

[34] M. Jakob. "Heat Transfer", Vol.1 Willey, New York, (1949).

[35] A.E. Kabeel , Emad M.S. El-Said. "A hybrid solar desalination system of air humidification–dehumidification and water flashing evaporation". Desalination 320; 56–72 (2013)

[36] B. F. Sharpley, L. M. K. Boelter. "Evaporation of water into quiet air from a one-foot diameter surface". Industrial Engineering Chemical 30; 1125–1131 (1938)

[37] A.T. Shawaqfeh, M.M. Farid. 'New development in the theory of heat and mass transfer in solar in solar stills". Solar Energy 55; 527–535(1995)

[38] A. Shurti, G. N. Tiwari. "Convective mass transfer in double condensing chamber and conventional solar still". Desalination 115; 181(1998)

[39] V. A. Baum, R. Bairamov. "Heat and mass transfer processes in solar stills of hotbox type". Solar Energy 8; 78-82 (1964)

[40] H. AL-Hinai, M. S. AL-Nassiri, B. A. Jubran. "Parametric investigation of a double effect solar still in comparison with a single-effect solar still". Desalination 150; 75-83 (2002)

[41] B. L. Akash, M. S. Mohsen, W. Nayfeh; "Experimental study of the basin type solar still under local climate conditions". Energy Conversion and Menagment. 41; 883-890 (2000)

[42] J. A. Duffie, W. A. Beckman. "Solar engineering of thermal processes". Willey. (1980)

[43] M. Boukar, A. Harmim; "Parametric study of a vertical solar still under desert climatic conditions". Desalination 168; 21-28 (2004)

[44] S. Abdallah, M. M. Abu-Khader, O. Badran,. "Effect of various absorbing materials on the thermal performance of solar stills". Desalination 242; 128-137 (2009)

[45] M. Shatat, K. Mahkamov. "Determination of rational design parameters of a multi-stage solar water desalination still using transient mathematical modelling". Renewable Energy 35; 52-61 (2010)

[46] A. Rehman, S.Al-Hilphy. "Development of basin solar still by adding magnetic treatment unit and double glass cover provided with water". American Journal of Engineering and Applied Sciences 3; 286-296 (2013)

[47] H. Kwantra. "Performance of a solar still: Predicted effect of enhanced evaporation area on yield and evaporation temperature". Solar Energy 56; 261-266(1996)

[48] E. Rubio-Cerda, M. A. Porta-Gándara, J. L. Fernández-Zayas. "Thermal Performance of the condensing covers in a triangular Solar Still". Renewable Energy 27; 301-308 (2002)

[49] H. Zheng, X. Zhang, J. Zhang, Y. Wu. "A group of improved heat and mass transfer correlations in solar stills". Energy Conversion and Management. 43; 2469-2478 (2002)

[50] Z. Chen, X. Ge, X. Sun, L. Bar, Y. X. Miao. "Natural convection heat transfer across air layers at various angles of inclination". Engineering Them physics: (Special Issue for US-CHINA, Bination Heat Transfer Workshop), 211-220 (1984)

[51] T. H. Chilton, A. P. Colburn. "Mass transfer (absorption) coefficients". Industrial and Engineering Chemistry 26; 1183-1187 (1934)

[52] E.A. Almuhanna. "Evaluation of single slop solar still integrated with evaporative cooling system for brackish water desalination". Journal of Agricultural 6; 48-58 (2014)

[53] Y .Zurigat. M. K. Abu-Arabi "Modeling and performance analysis of a regenerative solar desalination unit". Applied Thermal Engineering, 24; 1061-1072 (2004)

[54] X. Ding, W. Cai, L. Jia, C. Wen. "Evaporator modelling - A hybrid approach". Applied Energy 86; 81-88 (2009)

[55] J.Siquerios, F. A. Holland "Water desalination using heat pumps". Renewable Energy 25; 717-729 (2000)

[56] H. Khaoula, B. Ali, B.S. Rhomdanne, G. Slimane. "Effects of SSD and SSDHP on convective heat transfer coefficient and yields". Desalination 249; 259–1264 (2009)

[57] N. Hidouri, K. Hidouri, R. B. Slama, S. Gabsi "Effects of the simple/double glass cover use and the orientation of a simple solar still on operating parameters". Desalination and Water Treatment 36; 383–391 (2011)

[58] K. Hidouri, R. B. Slama, S. Gabsi "Experimental study and modelling of a solar distiller assisted by a compression heat pump" International Sorption Heat Pump Conference, Seoul (2008)

[59] N. Hidouri, K. Hidouri, R. B. Slama, S. Gabsi "Effects of the simple/double glass cover use and the orientation of a simple solar still on operating parameter" Desalination and Water Treatment 36; 1–9(2011)

[60] N. Sri Gokilavani1, D.Prabhakaran, T.Kannadasan. "Various models of traditional solar distillation system for water desalination – a review". Journal of Chemical, Biological and Physical Sciences 4; 1419-1424(2014)

[61] A. S. Hassanein, M. Attalla. "Parametric study on a solar still located in swan, egypt of hot and dry climate". International Journal of Engineering & Technology 13; 46-51 (2014)

[62] M. khayet. "Solar desalination by membrane distillation: Dispersion in energy consumption analysis and water production consts (a review)". Desalination 308;89-101 (2013)

[63] F.R. Machlouch, A. E. Jery, B. B. Ammar. "Choix d'un modèle d'ensoleillement et détermination des inclinaisons optimales des capteurs héliothermiques pour la ville de Gabes en Tunisie ». Revue des Energies Renouvelables, Vol.6, N°1 juin (2003)

[64] H. B. Halima, R. B. Slama, N. Frikha, S. Gabsi. "Performance study of a solar still coupled to a compression heat pump". Journal of Science and Technology 8; 54-60 (2012)

[65] K. Hidouri, R. B. Slama, S. Gabsi. "Desalination by Simple Solar Distiller Assisted by a Heat Pump". Journal of Environmental Science and Engineering 5; 1183-1188 (2011)

[66] Ben Halima.H, Frikha . N. "Numerical investigation of simple solar still coupled to compression heat pump desalination". Desalination 337; 60-66 (2014)

ANNEXES

Annexe I

Principe de l'osmose inverse

On appelle osmose le transfert de solvant (eau dans la plupart des cas) à travers une membrane semi-perméable sous l'action d'un gradient de concentration. Soit un système à deux compartiments séparés par une membrane semi-perméable et contenant deux solutions de concentrations différentes. Le phénomène d'osmose va se traduire par un écoulement d'eau dirigé de la solution diluée vers la solution concentrée. Si l'on essaie d'empêcher ce flux d'eau en appliquant une pression sur la solution concentrée, la quantité d'eau transférée par osmose va diminuer. Il arrivera un moment où la pression appliquée sera telle que le flux d'eau s'annulera. Si, pour simplifier, nous supposons que la solution diluée est de l'eau pure, cette pression d'équilibre est appelée pression osmotique.

La figure suivante explique le principe de l'osmose et de l'osmose inverse

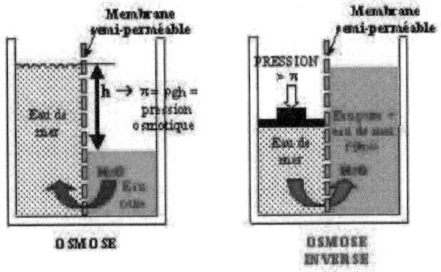

Figure : principe de l'osmose et l'osmose inverse

Une augmentation de la pression au-delà de la pression osmotique va se traduire par un flux d'eau dirigé en sens inverse du flux osmotique, c'est-à-dire de la solution concentrée vers la solution diluée : c'est le phénomène d'osmose inverse. Pour les solutions suffisamment diluées, la pression osmotique notée π peut être calculée d'après la loi de van't Hoff :

$\pi = i \times C \times R \times T$

Où i est le nombre d'ions dissociés dans le cas d'un électrolyte,

C est la concentration en sels en mol.m^{-3}

R est la constante des gaz parfaits (8,314 J.mol^{-1}.K^{-1})

T est la température absolue de la solution (°K).

* Les éléments constitutifs d'une unité d'osmose inverse sont schématisés sur la figure suivante :

Éléments constitutifs d'une unité d'osmose inverse

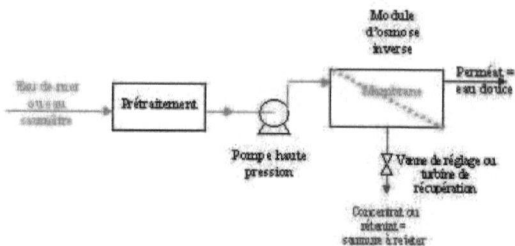

Figure : Éléments constitutifs d'une unité d'osmose inverse

Le dessalement par osmose inverse nécessite d'abord un pré-traitement très poussé de l'eau de mer pour éviter le dépôt de matières en suspension sur les membranes qui conduirait très rapidement à une diminution des débits produits.

Il est nécessaire de retenir toutes les particules de dimension supérieure à 10 à 50 µm selon le type de module d'osmose inverse. Ceci est réalisé à l'aide d'une préfiltration grossière puis d'une filtration sur sable pour éliminer les matières en suspension les plus grosses. Puis un traitement biocide et une acidification sont nécessaires pour éviter le développement de microorganismes sur la membrane et éviter la précipitation de carbonates. Enfin une filtration sur cartouches permet de retenir les particules de taille de l'ordre de quelques dizaines de µm qui n'ont pas été retenues par le filtre à sable.

La pompe haute pression permet ensuite d'injecter l'eau de mer dans le module d'osmose inverse dans lequel se trouvent les membranes. De plus, un deuxième phénomène intervient lors de l'osmose inverse, il s'agit de la polarisation de concentration de la membrane. En effet, au cours du temps, la concentration de la solution salée augmente puisque la majorité des molécules sont retenues d'un seul côté de la membrane. De ce fait, la pression osmotique augmente également près de la couche limite, avec des risques de précipitation des composés à faible produit de solubilité. Pour un même rendement, la pression à appliquer est donc plus élevée. Pour éviter ce phénomène on balaye la membrane du côté de la solution salée par un flux d'eau continu. Toute l'eau n'est pas filtrée, une partie sert à nettoyer la membrane.

Ce procédé est donc semblable à une filtration tangentielle. L'eau non filtrée est appelée retentât tandis que l'eau qui a traversé la membrane est appelée perméat. Afin de limiter la consommation d'énergie du procédé, on peut placer sur le circuit du retentât une turbine qui permet de récupérer une partie de l'énergie contenue dans ce fluide sous haute pression.

Annexe II

Propriétés physiques de l'air humide

$$L = 2.569 \times 10^5 (647.3 - T_w)^{0.38}$$

$$C_p = 999.2 + 0.1434 T_w + 1.01 \times 10^{-4} T_w^2 - 6.7581 \times 10^{-8} T_w^3$$

$$\lambda = 0.0244 + 0.6773 \times 10^{-4} T_w$$

$$\rho_w = \frac{353.44}{T_w + 273.15}$$

$$\rho_g = \frac{353.44}{T_g + 273.15}$$

$$\mu = 1.718 \times 10^{-5} + 4.620 \times 10^{-8} T_w$$

$$P_w = \exp\left(25.317 - \frac{5144}{273.15 + T_w}\right)$$

$$P_g = \exp\left(25.317 - \frac{5144}{273.15 + T_g}\right)$$

$$\beta = \frac{1}{273.15 + T_i}$$

Avec (Ti = (Tw+ Tg)/2)

Annexe C

II.1 Présentation du modèle Eufrat

Le modèle Eufrat est basé sur la synthèse de divers travaux, en particulier ceux de Brichmbant, Kasten et Hay. Pour le calcul des éclairements énergétiques ce modèle fait appel au facteur de trouble de Link, β. Ce facteur est estimé localement grâce à la formule :

$$\beta = 1.6 + 16\beta_a + 0.5\log(P)$$

Avec -P : Pression de la vapeur d'eau.
 - Coefficient d'Angstrom fonction des conditions opératoires.

Les valeurs de   sont récapitulées dans le tableau suivant :

Tableau II.1 : Valeurs de coefficient

Type de ciel	
Bleu profond	0.02
Bleu pur	0.05
Bleu clair	0.1
Bleu laiteux	0.2
Blanchâtre	0.5

On pourra également estimer β par des valeurs approchées disponibles par zone climatique pour n'importe qu'elle période de l'année en supposant que q est le quantième du jour compté à partir du premier janvier :

$$\beta = TO + u \times \cos(0.986 \times q_j) + V_{Ef} \times \sin(0.986 \times q_j)$$

 , et   sont des coefficients qui dépendent de la zone. Le tableau suivant donne un aperçu sur ses valeurs pour différentes régions :

Tableau II.2 : Valeurs des coefficients TO, u et .

Zone	TO	U	
Méditerranée : cote	3.25	-1.1	-0.15
Intérieur	3.15	-0.5	-0.05
Atlantique	3.25	-0.7	-0.15
Continentale	3.75	-0.2	-0.05
Grandes agglomérations	4.05	-0.5	-0.1

II.2 Grandeurs astronomiques

La détermination de la densité du flux solaire globale nécessite la détermination de certaines grandeurs astronomiques nécessaires pour le calcul.

✤ **La latitude :**

La latitude est l'angle formé par le plan équatorial et le vecteur centre de la terre-point local.

✤ **La longitude :**

La longitude l est l'angle formé par le méridien de référence et la méridien du point local.

✤ **La déclinaison :**

La déclinaison δ est l'angle que forme le vecteur "Centre de la terre-Soleil et le plan équatorial de la terre". La déclinaison est donnée par :

$$\delta = 23.45 \times \sin(360 \times (\frac{284 + q_j}{365}))$$

✤ **Le temps solaire vrai :**

Le temps solaire vrais (TSV) est l'unité de temps utilisé pour le calcul :

$$TSV = Tu + CC$$

Où TU : temps universel

CC : Correction du temps

📖 L'angle horaire :

L'angle horaire ω mesure le mouvement du soleil par rapport à midi qui est l'instant où le soleil passe au plan méridien du lieu (zénith) :

$$\omega = 15 \times (12 - TSV)$$

📖 L'azimut solaire :

L'azimut solaire ψ est l'angle formé par la projection du soleil sur le plan horizontal avec la direction sud. L'azimut solaire est donné par :

$$\sin\psi = \frac{\sin\omega \times \cos\delta}{\cosh}$$

📖 Hauteur du soleil :

La hauteur du soleil H est l'angle que fait la direction du soleil avec sa projection sur un plan horizontal.

Cette hauteur influe fortement sur la valeur de l'éclairement solaire et pour l'apprécier en un point et une heure donnée, pour cela il est nécessaire de calculer cette hauteur. Elle est donnée par

$$\sin H = \sin\varphi \times \sin\delta + \cos\omega \times \cos\delta \times \cos\varphi$$

📖 L'angle d'incidence :

Le coefficient d'incidence est l'angle formé par le rayonnement solaire et la perpendiculaire à une surface. Cet angle est donnée par :

$$\theta_i = \sin i \times \cos\psi \times \cos H + \sin H \times \cos i$$

🌿 Coefficient de correction de la distance terre-soleil   % :

$$\alpha_{Ef} = 1 + 0.034 \times \cos(\frac{360 \times q_j}{365})$$

🌿 trajet traversé AM :

$$AM = \left(\frac{1 - 0.1 \times Altitude}{\sin H}\right)$$

II.3 Densité du rayonnement globale horizontale

🌿 Calcul de l'intensité qui arrive au sol sous incidence normale (W/m²) :

$$I_n = I_o \times \alpha_{Ef} \times \exp(\frac{-AM \times \beta}{0.9 \times AM + 9.4})$$

Avec =1367 W/m²

🌿 Calcul de la densité du rayonnement globale horizontale en (W/m²) :

$$G_h = \alpha_{Ef} \times (1270 - 56 \times \beta) \times (\sin H)^{\frac{\beta + 36}{33}}$$

II.4 Densité du rayonnement globale sur un plan incliné

🌿 Densité du rayonnement diffus en (W/m²) :

$$D_h = G_h - I_n \times (\sin H)$$

🌿 Calcul du facteur de conversion :

$$C'_p = \frac{(1-\cos(i))}{2}$$

Où i étant l'angle d'inclinaison en degrés que fait le capteur avec l'horizontal.

✥ Rayonnement diffus sur un plan incliné en (W/m²) :

$$D_i = D_p \times (F_2 C'_p + \frac{(1-F) \times \theta_i}{\sin H}) \quad \text{si} \quad C'_p \prec \frac{\theta_i}{\sin H}$$

$$D_i = D_p \times C'_p \quad \text{si} \quad C'_p \succ \frac{\theta_i}{\sin H}$$

avec

$$F_2 = 1 - \frac{I_n}{I_o \times \alpha}$$

✥ Densité du rayonnement globale sur un plan incliné en (W/m²) :

$$G_i = I_n \times \cos \theta_i + D_i + a \times G_h \left(\frac{(1 - cons(i))}{2} \right)$$

a : albédo du sol

En effet, l'albédo d'une surface diffusante peut être définit comme le rapport du rayonnement diffus par cette surface au rayonnement global incident [30]

Annexe D

La racine carrée de la déviation moyenne notée (e) est calculée d'après la formule suivante:

$$e = \sqrt{\frac{\sum_{i=1}^{N}(e_i)^2}{N}}$$

Avec

$$e_i = \left[\frac{x_i - y_i}{x_i}\right] \times 100$$

Avec x_i, y_i et N sont des paramètres expérimentaux,

Le coefficient de la corrélation linéaire (r) sont donnés par

$$r = \frac{\sigma_{xy}}{\sigma_x \sigma_y}$$

Les écarts type *de* x et de y sont donnés respectivement comme suit:

$$\sigma_x = \sqrt{\frac{1}{N}\sum_{i=1}^{N}(x_i - \bar{x})^2}$$

$$\sigma_y = \sqrt{\frac{1}{N}\sum_{i=1}^{N}(y_i - \bar{y})^2}$$

$$\sigma_{xy} = \frac{1}{N}\sum_{i=1}^{N}(x_i - \bar{x})(y_i - \bar{y})$$

La moyenne de x

$$\bar{x} = \frac{1}{N}\sum_{i=1}^{N}x_i$$

La valeur moyenne de y

$$\bar{y} = \frac{1}{N}\sum_{i=1}^{N}y_i \; :$$

Résultats expérimentaux pour différents paramètres d'essai

> Températures

1configuration 111

	Te	Tb	Tw	Tg
6,25	1	27	27	27
7,75	4	56	44	28
8,25	4	67	56	29
8,75	4	68	58	30
9,25	3	76	59	31
9,75	3	77	60	32
10,25	6	78	61	32
10,75	10	80	64,6	34,7
11,25	12	81	68	37,7
11,75	13	82	70,5	40
12,25	12	87	74	42
12,75	11	88	76	43,3
13,25	10	85	78,4	41,8
13,75	9	85	76,5	42
14,25	8	85	74	40
14,75	8	82	70	35
15,25	8	81	69	34
15,75	8	80	66	32
16,25	8	74,3	64	31
16,75	8	72	58	30
17,75	8	73	58	30

configuration (001)

T	Tg	Tb	Tw	Te
7,25	29	54	42	1
7,75	30	60	50	1
8,25	32	66	58	1
8,75	32	68	58	1
9,25	32	70	62	1
9,75	32	72	62	1
10,25	32	75	65	2
10,75	34	80	67	3
11,25	35	85	68	3
11,75	36	87	70	3
12,25	39	88	75	5
12,75	40	90	74	8
13,25	41	87	73	8
13,75	42	86	70	6

14,25	37	85	68	4	
14,75	35	80	64	3	
15,25	34	75	61	1	
15,75	30	72	58	1	
16,25	27	70	50	1	

configuration 101

	Tg	Tb	Tw	Te
7,75	30	60	40	2
8,25	31	66	46	2
8,75	32	70	52	2
9,25	34	71	61	2
9,75	35	74	64	2
10,25	35	76	67	2
10,75	35	78	68	2
11,25	35	80	70	2
11,75	35	87	76,4	3
12,25	36	88	78	3
12,75	38	89	79	3
13,25	35	90	80	3
13,75	32	91	81	3
14,25	31	85	75	3
14,75	31	77,4	65	2
15,25	31	74	64	2
15,75	31	70	60	2
16,25	30	68	54	1
16,75	30	66	53	1
17,25	30	65	51	1

configuration011

	Tg	Tb	Tw	Te
6,25	27	27	29	29
7,25	28	40	31	14
7,75	30	48	39	13
8,75	30	64	51	15
9,25	30	72	58	15
9,75	32	78	62	15
10,25	32	80	64	15
10,75	33	85	68	15
11,25	33	87	70	15
11,75	35	88	74	14
12,25	38	88	76	14
13,25	39	90	80	14
13,75	40	87	78	14
14,25	38	84	75	13

	15,25	37	78	66	12
	16	35	76	64	12
	17	34	70	60	13
	17,75	33	65	58	12

class000	Tb	Tw	Tg
6	46	38	30
7,43	53	49,9	32,8
8	60	55	33,7
9	66	61	35,3
10	72	67,3	37
11	76	70	38
12	78	74	38,4
13	79	72	40
14	80	73	41
15	81	73	40,6
16	80	70	40,2
17	75	65	38
18	68	57	36
19	60	55	34
20	55	50	32

class100			
	Tb	Tw	Tg
6	25	26	26
7	56	46	35
8	62	56	40
9	72	66	50
10	78	66	50
11	79	66	50
12	81	70	51
13	82	69	51
14	80	68	51
15	80	68	49
16	71	61	49
17	62	54	47
18	61	53	47
19	60	52	45

cla010	Tb	Tw	Tg
6	31	28	35
7	49,4	41,4	36
7,78	55	47	37
9	61,2	57,7	40
10	67	62,8	42,9
11	75	67	45
12	80,2	74	46,7

13	80,5	74	48,7
14	81	73	50,4
15	80	70	48,8
16	78	68	46
17	76	66	44
18	69,7	60,3	41
19	63,2	55,5	40
20	57,3	53,5	40

cla110	Tw	Tg	Tb
6	38	43	38
7	50	43	55
8	57	45	61
9	66	46	67
10	68	51	72
11	70	51	76
12	74	50	80
13	72	50	78
14	71	49	77
15	71	49	76
16	70	48	75
17	70	47	74
18	68	45	70
19	65	42	68
20	60	41	65

➤ **Flux solaire**

c010		c000	c100	c110				
6,25	355	340	330	325	360	347	342	360
7,75	525	500	500	520	518	500	500	550
8,75	630	672	605	672	664	600	620	600
9,75	698	705	700	700	760	750	752	704
10,75	771	800	767	760	830	816	800	831
11,75	820	830	830	820	864	880	854	896
12,75	854	871	850	860	860	896	864	900
13,75	850	864	864	864	870	864	840	896
14,75	790	800	800	800	860	780	850	813
15,75	700	700	704	705	650	700	720	768
16,75	450	520	500	500	500	515	550	536
17,75	400	450	450	450	450	350	400	400
	03-juil	18-juil	19-juil	13-juil	21/07/2013	16-juil	20juit	22-juil
c010	c01	c00	c10	c11	c011	C001	c101	C111

	0	0	0	0			

> **Masse d'eau récupérée**

Masse récupérée t(h)	c001	c111	c011	c101
7,75	0,8	0,5	0,2	0,233
8,75	1	0,6	0,5	0,687
9,75	1,25	0,85	0,7	0,988
10,75	1,45	0,9	0,78	0,988
11,75	1,5	1,5	0,85	0,988
12,75	1,45	1,75	0,95	1
13,75	1,3	1,65	0,98	1
14,75	1	1,55	1	0,975
15,75	0,9	1,025	0,7	0,85
16,75	0,8	0,95	0,55	0,775
17,75	0,6	0,8	0,44	0,775

Masse récupérée t(h)	c010	c100	c000	c110
7,75	0	0	0,025	0,025
8,75	0	0,08	0,04	0,027
9,75	0,01	0,1	0,05	0,04
10,75	0,015	0,11	0,2	0,045
11,75	0,025	0,125	0,28	0,05
12,75	0,037	0,2	0,31	0,2
13,75	0,05	0,3	0,32	0,3
14,75	0,06	0,34	0,2	0,25
15,75	0,06	0,35	0,1	0,21
16,75	0,04	0,25	0,075	0,15
17,75	0,02	0,11	0,05	0,1

> **Analyse de l'eau**

Désignation (ppm)	initial	final
Mg	950	0.02
Ca	462	1.85
Na	6070	1.02
K	525	0.3

SO4	2964	1.5
Zn	<0.01	0.044
Cd	<0.01	<0.01
Cu	0.048	0.244
Fe	<0.01	<0.01
Al	<0.01	<0.01

> **Coefficient de transfert convective et évaporative**

TST	hc000	hc001	hc110	hc111	hev000	hev001	hev110	hev111
7,75	0,246	1,9	0,6	2,231	2,39	18,55	1,08	20
8,25	0,265	1,9	0,61	2,282	4,95	20	1	21
8,75	0,246	1,805	0,58	2,263	5,77	20	0,67	21
9,25	0,34	1,837	0,59	2,355	9,97	25,32	0,7	28,5
9,75	0,357	1,868	0,58	2,411	10,95	26,41	0,56	29,9
10,25	0,392	1,898	0,6	2,402	13,11	29,5	1,5	31
10,75	0,409	1,862	0,63	2,373	14,31	30	1,26	35
11,25	0,417	1,939	0,65	2,364	15,76	34,6	3	38
11,75	0,402	1,939	0,66	2,356	15,96	35	3,56	38
12,75	0,42	1,738	0,67	2,372	17,44	35	2,45	38
13,75	0,402	1,457	0,63	2,421	15,96	25	4,6	37,5
14,75	0,355	1,535	0,64	2,42	12,67	25	4,5	37
15,75	0,287	1,457	0,66	2,42	8,82	24,72	6	36,62
16,75	0,188	1,457	0,65	2,42	4,89	24,72	4,5	31,8
17,75	0,188	1,425	0,65	2,388	4,89	23,2	4,5	31,76

I want morebooks!

Buy your books fast and straightforward online - at one of the world's fastest growing online book stores! Environmentally sound due to Print-on-Demand technologies.

Buy your books online at
www.get-morebooks.com

Achetez vos livres en ligne, vite et bien, sur l'une des librairies en ligne les plus performantes au monde!
En protégeant nos ressources et notre environnement grâce à l'impression à la demande.

La librairie en ligne pour acheter plus vite
www.morebooks.fr

SIA OmniScriptum Publishing
Brivibas gatve 197
LV-103 9 Riga, Latvia
Telefax: +371 68620455

info@omniscriptum.com
www.omniscriptum.com

Printed by Books on Demand GmbH, Norderstedt / Germany